工业固体废物管理工作指南

欧阳丽　崔瑞华　著

U0274400

同济大学 出版社
TONGJI UNIVERSITY PRESS

内 容 提 要

本书结合当前国家和地方关于工业固体废物尤其是工业危险废物的法律、法规、部门规章和技术规范要求,着眼于工业固体废物的产生、贮存、利用和处置过程,梳理典型产废行业的固废产生环节和废物类别,旨在指导工业固体废物产生单位、处置单位、监管工业固体废物的环境保护主管部门的相关从业人员开展工业固体废物规范化管理实践工作,防范环境风险。本书可供环境科学、环境管理、环境规划等相关领域的科研人员参考。

图书在版编目(CIP)数据

工业固体废物管理工作指南/欧阳丽,崔瑞华
著. --上海:同济大学出版社,2018.9
 ISBN 978-7-5608-7994-9

Ⅰ. ①工… Ⅱ. ①欧… ②崔… Ⅲ. ①工业固体废物
－固体废物管理－指南 Ⅳ. ①X705-62

中国版本图书馆 CIP 数据核字(2018)第 153714 号

工业固体废物管理工作指南

欧阳丽 崔瑞华 著

责任编辑 姚烨铭   责任校对 徐春莲   封面设计 钱如潺

出版发行 同济大学出版社   www.tongjipress.com.cn
         (地址:上海市四平路 1239 号 邮编:200092 电话:021-65985622)

经　销 全国各地新华书店
印　刷 句容市排印厂
开　本 850mm×1168mm 1/32
印　张 5.5
字　数 148000
版　次 2018 年 9 月第 1 版   2018 年 9 月第 1 次印刷
书　号 ISBN 978-7-5608-7994-9

定　价 29.00 元

前　言

　　近年来,我国工业固体废物,尤其是工业危险废物的监管工作力度不断加强。2013年,最高人民法院、最高人民检察院出台《关于办理环境污染刑事案件适用法律若干问题的解释》(法释〔2013〕15号)以来,工业危险废物处置不规范的局面得到极大扭转。【注:"法释〔2013〕15号"已由2017年1月1日施行的"法释[2016]29号"替代,"法释[2013]15号"已废止。为进一步加大环境污染犯罪行为的打击力度,有效保护生态环境,最高人民法院、最高人民检察院根据环境污染犯罪案件的新情况,于2016年12月修订发布了《关于办理环境污染刑事案件适用法律若干问题的解释》(法释[2016]29号)。修订后的解释进一步完善涉及危险废物案件的处理规则,有针对性地解决了无危险废物经营许可证从事危险废物利用行为的定罪量刑、危险废物的认定等具体问题,有利于严厉打击涉危险废物犯罪。"法释[2016]29号"规定:"非法排放、倾倒、处置危险废物三吨以上的"、"在饮用水水源一级保护区、自然保护区核心区排放、倾倒、处置有放射性的废物、含传染病病原体的废物、有毒物质的",应当认定为"严重污染环境"。其中,"危险废物,包括列入国家危险废物名录的废物,以及根据国家规定的危险废物鉴别标准和鉴别方法认定的具有危险特性的废物"被认定为"有毒物质"之一。《中华人民共和国刑法(2015年8月29日修订)》"第六节　破坏环境资源保护罪"中的"第三百三十八条[污染环境罪]"规定:"违反国家规定,排放、倾倒或者处置有放射性的废物、含传染病病原体的废物、有毒物质或者其他有害物质,严重污染环境的,处三年以下有期徒刑或者拘役,并处或者单处罚金;后果特别严重的,处三年以上七年以下有期徒刑,

并处罚金。"】

为巩固和深化"十二五"全国危险废物规范化管理督查考核工作成效,不断提升全国危险废物环境管理水平,2015年,环境保护部办公厅发布《关于印发〈危险废物规范化管理指标体系〉的通知》(环办[2015]99号),以进一步提高危险废物规范化管理工作的科学性、合理性和可操作性。【注:2018年3月,根据第十三届全国人民代表大会第一次会议批准的国务院机构改革方案,在原环境保护部基础上设立中华人民共和国生态环境部。2018年4月16日,中华人民共和国生态环境部正式揭牌。本书内容撰写于2018年5月初之前,因此书中国家环境保护行政主管部门名称仍是"环境保护部"。)】

2016年8月1日,新修订的《国家危险废物名录》(环境保护部令第39号)正式施行;2016年12月19日,环境保护部办公厅研究起草了《危险废物鉴别工作指南(试行)(征求意见稿)》。这对进一步核查清楚危险废物的种类和数量,规范危险废物鉴别工作,摸清我国危险废物底数,提高危险废物污染环境防治水平奠定了重要基础。【注:《国家危险废物名录》1998年首次颁布实施,2008年第一次修订,2016年第二次修订。2016版《国家危险废物名录》由原49大类400种调整为46大类479种,其中362种来自2008年版《名录》,新增117种。前言条款调整是:明确了医疗废物的管理内容;修改了危废与其他固体废物的混合物,以及危险废物处理后废物属性的判定说明;新增《危险废物豁免管理清单》列入豁免管理清单的16种危险废物,在所列豁免环节,且满足相应的豁免条件时,可以按照豁免内容的规定实行豁免管理;并新增通过危废鉴别确定是危废时如何对其归类的说明。取消了2008年版《名录》的"＊"标注。2008年版《名录》中对来源复杂,其危险特性存在例外的可能性,且国家具有明确鉴别标准的危废,标注以"＊",所列此类危废的产生单位确有充分证据证明,所产生的废物不具有危险特性的,该特定废物可不按照危废进行管理。此类危废共 33 种。这一做法造成了部分固体废物在不同地区面对着较大差异的管理要求,且与《中华人民共和国固体废物污染环境防治法》关于"危险废物是指列入国家危险废物名录或者根据国家规定的危废鉴别标准和鉴别方法认定的具有危险特性的固体废物"的相关规定不符。因此,在新版中予以取消。】

我就职的环境咨询机构于 2015 年承担了浙江省某省级产业集聚区《工业固体废物综合利用和处置专项规划》的编制工作。规划编制前期,项目组成员对产业集聚区内二百余家规模以上工业企业的固体废物产生情况开展了现场调查。随后,又承担了该产业集聚区《工业危险废物三年监管行动计划》的制订工作。同时,受环保主管部门委托对产业集聚区产废单位开展危险废物规范化管理培训、提供第三方监管检查服务。2016 年,我们又承担了浙江省某地级市的固体废物申报登记第三方核查工作,对该市典型行业企业的固体废物逐一开展现场核查。在承担上述工业固废咨询项目期间,接触了大量工业固体废物产生单位、危险废物处置单位和工业固废环保主管部门人员,深感有必要将相关专业知识和经验梳理成一本简明扼要的工作指南,能让相关从业人员在最短的时间内全面知晓国家和地方关于工业固体废物管理的制度要求,并能对不同行业的固体废物产生特点快速了解。当我将此写作动机和同济大学出版社相关老师沟通后,得到其支持和鼓励。本书写作提纲由我拟定后,工业固废咨询项目参与成员崔瑞华提供了第 3 章 3.1 节和 3.2 节的初稿,其余部分由我执笔并负责全书统稿。浙江工业大学周周协助收集了江苏省和广东省的工业固废相关政府文件,同济大学聂榕协助对全书进行校对和参考文献的梳理工作。本书由栾新环境科技(上海)有限公司资助出版,在此一并致谢。

本书结合当前国内工业固体废物监管制度和相关技术规范要求,着眼于工业固体废物的产生、贮存、处理和处置过程,梳理典型产废行业的固废产生环节和废物类别,旨在指导工业固体废物产生单位、工业固体废物处置单位、监管工业固体废物的环境保护主管部门的相关从业人员开展工业固体废物规范化管理实践工作。

　　希望本书的出版对推进危险废物环境监管能力建设,促进危险废物产生单位和危险废物经营单位落实相关法律制度和标准规范,提升危险废物规范化管理水平,防范环境风险起到推动作用。

栾新环境科技(上海)有限公司

欧阳丽

2018 年 5 月 7 日

术语

固体废物（solid wastes，简称"固废"）

是指在生产、生活和其他活动中产生的丧失原有利用价值或者虽未丧失利用价值但被抛弃或者放弃的固态、半固态和置于容器中的气态的物品、物质，以及法律、行政法规规定纳入固体废物管理的物品、物质[①]。

工业固体废物

是指在工业生产活动中产生的固体废物。

危险废物

是指列入《国家危险废物名录》或者根据国家规定的危险废物鉴别标准和鉴别方法认定的、具有危险特性的固体废物。

一般工业固体废物

是指在工业生产活动中产生的除危险废物之外的固体废物。

医疗废物

医疗废物，是指医疗卫生机构在医疗、预防、保健以及其他相关活动中产生的具有直接或者间接感染性、毒性以及其他危害性的废物[②]。医疗废物属于危险废物。医疗废物分类按照《医疗废

[①]　全国人民代表大会. 中华人民共和国固体废物污染环境防治法［A/OL］.［2018-05-01］. http://www.npc.gov.cn/wxzl/gongbao/2017-02/21/content_2007624.htm.

[②]　医疗废物管理条例（国务院令第 380 号）. 2003-06-16 颁布并实施.

物分类目录》执行[①]。

生活垃圾

是指在日常生活中或者为日常生活提供服务的活动中产生的固体废物,以及法律、行政法规规定视为生活垃圾的固体废物。

固体废物贮存

是指将固体废物临时置于特定设施或者场所中的活动。

固体废物处置

是指将固体废物焚烧和用其他改变固体废物的物理、化学、生物特性的方法,达到减少已产生的固体废物数量、缩小固体废物体积、减少或者消除其危险成分的活动,或者将固体废物最终置于符合环境保护规定要求的填埋场的活动。

固体废物利用

是指从固体废物中提取物质作为原材料或者燃料的活动。

再生资源

再生资源是指在社会生产和生活消费过程中产生的,已经失去原有全部或部分使用价值,经过回收、加工处理,能够使其重新获得使用价值的各种废弃物。再生资源包括废旧金属、报废电子产品、报废机电设备及其零部件、废造纸原料(如废纸、废棉等)、废轻化工原料(如橡胶、塑料、农药包装物、动物杂骨和毛发等)及废玻璃等[②]。

---

① 中华人民共和国环境保护部.《国家危险废物名录》:部令第 39 号[EB/OL]. (2016-06-14)[2018-05-01]. http://www. mep. gov. cn/gkml/hbb/bl/201606/t20160621_354852. htm.

② 中华人民共和国商务部. 再生资源回收管理办法[A/OL]. (2007-03-27)[2018-05-01]. http://www. mofcom. gov. cn/aarticle/swfg/swfgbh/ 201101/20110107352011. html.

危险废物鉴别

是指危险废物鉴别单位根据《国家危险废物名录》，或者按照国家危险废物鉴别标准及《危险废物鉴别技术规范》等相关规定，判断待鉴别固体废物的危险特性，明确该固体废物是否属于危险废物的过程①。

固体废物腐蚀性

依据《固体废物 腐蚀性测定 玻璃电极法》（GB/T 15555.12—1995），固体废物腐蚀性是指单位、个人在生产、经营、生活和其他活动中所产生的固体、半固体和浓度液体，具有下述性质者：采用指定的标准鉴别方法，或者根据规定程序批准的等效方法，测定其溶液或固体、半固体浸出液的pH值小于等于2.0，或者大于等于12.5，则这种废物即具有腐蚀性。

依据《危险废物鉴别标准 腐蚀性鉴别》（GB 5085.1—2007），危险废物腐蚀性鉴别标准为：符合下列条件之一的固体废物，属于危险废物：按照《固体废物腐蚀性测定玻璃电极法》（GB/T 15555.12—1995）的规定制备的浸出液，pH≥12.5，或者pH≤2.0；在55℃条件下，对《优质碳素结构钢》（GB/T699）中规定的20号钢材的腐蚀速率≥6.35mm/a。

易燃性危险废物

根据《危险废物鉴别标准 易燃性鉴别》（GB 5085.4—2007），符合下列任何条件之一的固体废物，属于易燃性危险废物。液态易燃性危险废物：闪点温度低于60℃（闭杯试验）的液体、液体混合物或含有固体物质的液体；固态易燃性危险废物：在标准温度

---

① 《关于征求〈危险废物鉴别工作指南（试行）（征求意见稿）〉意见的函》（环办土壤函[2016]2297号）（环境保护部办公厅2016年12月19日发布）。

和压力(25℃,101.3kPa)下因摩擦或自发性燃烧而起火,经点燃后能剧烈而持续地燃烧并产生危害的固态废物;气态易燃性危险废物:在20℃,101.3kPa状态下,在与空气的混合物中体积分数≤13%时可点燃的气体,或者在该状态下,不论易燃下限如何,与空气混合,易燃范围的易燃上限与易燃下限之差大于等于12%的气体。

反应性危险废物

依据《危险废物鉴别标准 反应性鉴别》(GB 5085.5—2007),符合下列任何条件之一的固体废物,属于反应性危险废物。①具有爆炸性质:常温常压下不稳定,在无引爆条件下,易发生剧烈变化;标准温度和压力下(25℃,101.3kPa),易发生爆轰或爆炸性分解反应;受强起爆剂作用或在封闭条件下加热,能发生爆轰或爆炸反应。②与水或酸接触产生易燃气体或有毒气体:与水混合发生剧烈化学反应,并放出大量易燃气体和热量;与水混合能产生足以危害人体健康或环境的有毒气体、蒸气或烟雾;在酸性条件下,每千克含氰化物废物分解产生≥250mg氰化氢气体,或者每千克含硫化物废物分解产生≥500mg硫化氢气体。③废弃氧化剂或有机过氧化物:极易引起燃烧或爆炸的废弃氧化剂;对热、震动或摩擦极为敏感的含过氧基的废弃有机过氧化物。

副产物

是指在生产过程中伴随目标产物产生的物质。目标产物是指在工艺设计、建设和运行过程中,希望获得的一种或多种产品,包括副产品①。

---

① 引自《固体废物鉴别标准 通则》(GB 34330—2017)。

副产品

副产品是指在生产主要产品过程中附带生产出的非主要产品。

产品

产品是指经过加工、制作,用于销售的产品①。

危险货物

危险货物,是指具有爆炸、易燃、毒害、感染及腐蚀等危险特性,在生产、经营、运输、储存、使用和处置中,容易造成人身伤亡、财产损毁或者环境污染而需要特别防护的物质和物品。危险货物以列入国家标准《危险货物品名表》(GB 12268)的为准,未列入《危险货物品名表》的,以有关法律、行政法规的规定或者国务院有关部门公布的结果为准②。

---

① 引自《中华人民共和国产品质量法》。
② 《道路危险货物运输管理规定》(2013 年 1 月 23 日交通运输部发布,根据 2016 年 4 月 11 日《交通运输部关于修改〈道路危险货物运输管理规定〉的决定》修正)。

图表目录

目录

第 1 章　总论

　　《中华人民共和国固体废物污染环境防治法》（以下简称《固废法》）自 1995 年 10 月 30 日第八届全国人民代表大会常务委员会第十六次会议通过后，已于 2004 年 1 次修订，并于 2013 年、2015 年、2016 年 3 次修正。【注：《固废法》根据 2004 年 12 月 29 日第十届全国人民代表大会常务委员会第十三次会议修订；根据 2013 年 6 月 29 日第十二届全国人民代表大会常务委员会第三次会议《全国人民代表大会常务委员会关于修改〈中华人民共和国文物保护法〉等十二部法律的决定》第一次修正；根据 2015 年 4 月 24 日第十二届全国人民代表大会常务委员会第十四次会议《全国人民代表大会常务委员会关于修改〈中华人民共和国港口法〉等七部法律的决定》第二次修正；根据 2016 年 11 月 7 日中华人民共和国第十二届全国人民代表大会常务委员会第二十四次会议《全国人民代表大会常务委员会关于修改〈中华人民共和国对外贸易法〉等十二部法律的决定》第三次修正。】2017 年 11 月 1 日，全国人大常委会委员长张德江在第十二届全国人大常委会第三十次会议上作全国人大常委会执法检查组关于检查固体废物污染环境防治法实施情况的报告。报告建议尽快启动《固废法》修订工作，统筹清洁生产促进法、循环经济促进法和《固废法》修改，共同推进固体废物"减量化、资源化、无害化"。

　　《固废法》"第三章　固体废物污染环境的防治"中的"第二节工业固体废物污染环境的防治"和"第四章　危险废物污染环境防治的特别规定"对工业固体废物及包含工业危险废物在内的危险废物污染环境的防治做了专门规定。《固废法》框架下，固体废物的范畴如图 1-1 所示。

　　其中,工业固体废物是指在工业生产活动中产生的固体废物,包括一般工业固体废物和工业危险废物,本书重点探讨工业固体废物,尤其是工业危险废物的环境管理工作。

固体废物 {
工业固体废物:工业生产活动中产生,包括:一般工业固体废物和工业危险废物。如矿业固体废物(尾矿矸石废石)、废弃电器(电子)产品和废弃机动车船等,

生活垃圾:日常生活中或者为日常生活提供服务活动中产生,

建筑垃圾,

医疗废物,

农业固体废物:农田薄膜、畜禽粪便、秸秆等,

侵权假冒商品,

其他:按照《固体废物鉴别标准 通则》(GB 34330−2017)鉴别,属于固体废物的物品物质。
}

图 1-1　《固废法》框架下的"固体废物"范畴

1.1　固体废物污染环境防治状况[①]

1. 固体废物污染防治形势严峻

　　固体废物(以下简称为"固废")产生量大、积存量多。我国每年产生一般工业固体废物约 33 亿吨(表 1-1),工业危险废物约 4 000 万吨(表 1-2),固体废物产生量呈增长态势。我国历年堆存的工业固体废物总量大。部分地区危险废物不当堆存、非法倾倒处置问题突出,多地发现渗坑、暗管偷排废液等违法事件;部分处置设施运行不规范、不稳定,对大气、水和土壤环境造成威胁。

---

　　①　郭薇.张德江在全国人大常委会会议上作《固废法》执法检查情况的报告——充分认识《固废法》实施的艰巨性和复杂性[N].中国环境报,2017-11-02(001).

表 1-1　　　全国一般工业固体废物产生及处理情况①　　　单位:万吨

年份	产生量	综合利用量	贮存量	处置量	倾倒丢弃量
2011	322 772	195 215	60 424	70 465	433
2012	329 044	202 462	59 786	70 745	144
2013	327 702	205 916	42 634	82 970	129
2014	325 620	204 330	45 033	80 388	59
2015	327 079	198 807	58 365	73 034	56

注:1 . "综合利用量"包括综合利用往年贮存量,"处置量"包括处置往年贮存量。

　　2 . 工业固体废物综合利用率＝工业固体废物综合利用量/(工业固体废物产生量
　　　＋综合利用往年贮存量)。

表 1-2　　　2006—2015 年全国工业危险废物产生及利用处理情况②

单位:万吨

年份	产生量	综合利用量	处置量	贮存量
2006	1 084	566	289	267
2007	1 079	650	346	154
2008	1 357	819	389	196
2009	1 430	831	428	219
2010	1 587	977	513	166
2011	3 431.2	1 773.1	916.5	823.7
2012	3 465.2	2 004.6	698.2	846.9
2013	3 156.9	1 700.1	701.2	810.9
2014	3 633.5	2 061.8	929.0	690.6
2015	3 976.1	2 049.7	1174.0	810.3

---

①　中华人民共和国环境保护部.2015 年环境统计年报(第 77 页)[R/OL].(2017-02-23)[2018-05-01].http://www.zhb.gov.cn/gzfw_13107/hjtj/hjtjnb/.html.

②　中华人民共和国环境保护部.2016 年全国大、中城市固体废物污染环境防治年报(第 12 页)[R/OL].(2016-11-12)[2018-05-01].http://www.zhb.gov.cn/gkml/hbb/qt/201611/t20161122_368001.htm.

2. 监管污染者依法负责的各项制度落实不够到位

《固废法》已明确对固体废物污染环境防治实行污染者依法负责的原则,规定产品的生产者、销售者、进口者和使用者对其产生的固体废物依法承担污染防治责任。但部分企业主体责任意识不强、守法意识淡薄。不少企业在产品设计和生产过程中没有考虑产品废弃后的环境影响,未承担回收处置责任;部分企业为谋求非法利益逃避环境监管,非法转移、倾倒和处置固体废物,严重危害生态环境安全和人民群众的身体健康。

3. 危险废物处置全过程管理有待强化

危险废物对生态环境和人体健康威胁很大,一旦发生污染事故,后果十分严重。当前,我国危险废物管理工作中还存在不少薄弱环节,亟待改进。一是危险废物底数不清。目前,尚不能全面准确掌握企业产生的危险废物类别、数量,直接影响了危险废物污染防治工作的针对性和有效性。二是现有危险废物管理制度不完善。危险废物鉴别缺乏统一管理,鉴别程序和鉴别机构不够规范,危险废物鉴别难、取证成本高;危险废物分级分类管理制度尚未建立,难以按照环境风险控制原则提出豁免管理、排除管理等分类管理要求,降低社会治理成本;危险废物转移和运输管理制度不完善,相关方的责任缺乏清晰界定,在处理危险废物非法转移、倾倒、处置等案件时,责任认定、追究难度较大;对于一些违法行为处罚过轻,对违法者缺乏有效震慑。三是地方政府治理和监管责任落实不到位。有些地方未将危险废物集中处置设施纳入公共基础设施规划,危险废物处置供求关系失衡,处置能力存在缺口;有些地方对危险废物处置行业监管不到位,危险废物处置费用虚高,严重制约行业健康发展。

4. 工业固体废物治理任务艰巨

我国工业固体废物规模总量大、综合利用率低、风险隐患高,工业固体废物治理任务十分艰巨。一是工业固体废物减量化、资源化利用相对滞后。相关法律对固体废物减量化、资源化的要求多为原则规定,缺乏对固体废物产生者责任的约束性制度要求,企业采用先进适用技术改造传统产业,从源头减少工业固体废物产生的压力不够、动力不足。二是废物利用过程风险控制标准缺失。我国现行标准体系缺少对固体废物利用过程监管和对产品有害物质控制的标准,难以发挥对资源综合利用产业发展的规范引导作用。部分企业以"资源化"名义非法开展加工利用,严重扰乱市场秩序。

5. 监管工作机制有待改进

相关部门关于固体废物污染防治的职责边界的划分还不够明确,权责不够统一。实际工作中部门配合不够、政策协同不足、法律落实不到位等现象比较突出。环保部门关注固体废物的污染属性和防治工作,负责资源循环利用的主管部门则偏重固体废物的资源价值,导致管理举措上不够协调。【注:《中华人民共和国固体废物污染环境防治法》涉及部门职责的条款如下:县级以上地方人民政府环境保护行政主管部门对本行政区域内固体废物污染环境的防治工作实施统一监督管理。县级以上地方人民政府有关部门在各自的职责范围内负责固体废物污染环境防治的监督管理工作。国务院建设行政主管部门和县级以上地方人民政府环境卫生行政主管部门负责生活垃圾清扫、收集、贮存、运输和处置的监督管理工作。县级以上地方人民政府环境卫生行政主管部门应当组织对城市生活垃圾进行清扫、收集、运输和处置。国务院环境保护行政主管部门建立固体废物污染环境监测制度,制定统一的监测规范,并会同有关部门组织监测网络。大、中城市人民政府环境保护行政主管部门应当定期发布固体废物的种类、产生量、处置状况等信息。国务院环境保护行政主管部门应当会同国务院经济综合宏观调控部门和其他有关部门对工业固体废物对环境的污染作出界定,制定防治工业固体废物污染环境的技术政策,组织推广先进的防治工业固体废物污染环境的生产工艺和设备。另外,进口固体废物涉及国务院对外贸易主管部门、国务院经济综合宏观调控部门、海关总署和国务院质量监督检验检疫部门。《再生资源回收管理办法》涉及部门职责的条款如下：商务主管部门是再生资源回收的行业主管部门，负责制定和实施再生资源回收产业政策、回收标准和回收行业发展规划。发展改革部门负责研究提出促进再生资源发展的政策，组织实施再生资源利用新技术、新设备的推广应用和产业化示范。公安机关负责再生资源回收的治安管理。工商行政管理部门负责再生资源回收经营者的登记管理和再生资源交易市场内的监督管理。环境保护行政管理部门负责对再生资源回收过程中环境污染的防治工作实施监督管理，依法对违反污染环境防治法律法规的行为进行处罚。建设、城乡规划行政管理部门负责将再生资源回收网点纳入城市规划，依法对违反城市规划、建设管理有关法律法规的行为进行查处和清理整顿。】危险废物转移运输监管涉及环保、交通、公安等多个部门。【注：危险废物运输准入管理、交通运输行业监测管理由交通运输主管部门负责；运输企业及企业驾驶人员交通安全培训，危废运输车辆报备由公安交警部门负责。】实际工作中存在联合监管和信息共享机制不顺畅等问题，导致危险废物跨区域运输存在监管漏洞和风险隐患。各类固体废物和再生资源的部门职责分工及制度依据如表 1-3 所示。

表 1-3　各类固体废物和再生资源的部门职责分工及制度依据

序号	废弃物类型	主管部门	环保部门的职责	制度依据
1	生活垃圾	环卫主管部门	生活垃圾处理设施建设项目的环境准入、处理设施污染物排放的监测、超标的处罚等	《固废法》、《城市市容和环境卫生管理条例》
2	建筑垃圾	建设主管部门	制定建筑垃圾污染防治政策、标准、规范，资源化利用污染防治的监督管理	《城市建筑垃圾管理规定》、《关于建筑垃圾资源化利用部门职责分工的通知》（中编办发〔2010〕106 号）

续表

序号	废弃物类型	主管部门	环保部门的职责	制度依据
3	餐厨垃圾	发改、建设主管部门	餐厨垃圾处理项目的环境准入、处理设施污染物排放的环境监管	《关于加强地沟油整治和餐厨废弃物管理的意见》(国办发〔2010〕36号)
4	医疗废物	卫生主管部门	医疗废物运输、处置环节污染防治的监管	《医疗废物管理条例》(国务院令〔2003〕38号)、《关于进一步加强医疗废物管理工作的通知》(国卫办医发〔2013〕45号)
5	城镇污水处理厂污泥	建设主管部门	工业污水处理厂、工业企业的污泥处置监管	《城镇排水与污水处理条例》、《关于进一步加强危险废物和污泥处置监管工作的意见》
6	工业危险废物和一般工业固体废物	环保主管部门	全过程监管	《固废法》
7	再生资源	商务主管部门	对再生资源回收过程中环境污染的防治工作实施监督管理,依法对违反污染环境防治法律法规的行为进行处罚	《再生资源回收管理办法》

又如,浙江省各有关部门协同推进危险废物和污泥处置工作的具体分工为:环境保护行政主管部门负责危险废物和污泥污染防治的统一监督管理,承担危险废物环境监管,抓好重点工业企业污泥规范化处置。建设行政主管部门负责监督指导生活污水处理厂配套的污泥处置设施的建设、运行和管理。交通运输行政主管部门负责加强对货物运输企业许可、从业人员培训及营运车

辆技术条件的监督管理。公安机关依法查处涉嫌违反治安管理规定、危险废物和污泥处置违法案件,对构成犯罪的,依法进行刑事打击。安监行政主管部门会同环保行政主管部门和公安机关,加强危险化学品生产和储存单位转产、停产、停业或解散后,危险化学品生产装置、储存设施及库存危险化学品处置的监督检查[①](详见 4.2 节表 4-3)。

1.2 固体废物污染环境防治信息发布

为贯彻落实《中华人民共和国固体废物污染环境防治法》关于"大、中城市人民政府环境保护行政主管部门应当定期发布固体废物的种类、产生量、处置状况等信息"的规定,规范并指导信息发布,环境保护部制定了《大中城市固体废物污染环境防治信息发布导则》[②]。要求各省(区、市)环境保护厅(局)应规范和严格执行信息发布制度,在每年 6 月 5 日前发布辖区内的大、中城市固体废物污染环境防治信息,6 月 30 日前向环境保护部汇总上报。如:在上海市环境保护局官网 http://www.sepb.gov.cn/"首页→污染源环境信息公开"栏目下"固体废物污染防治公报"中可查阅 2012—2016 年《上海市固体废物污染环境防治信息公告》。在北京市环境保护局官网 http://www.bjepb.gov.cn/"首页＞信息公开＞业务动态＞环境质量状况＞环境状况公报"栏下发布了 2011—2016 年《北京市固废污染防治公报》。

2014 年以来,环境保护部每年定期(11—12 月)以年报[③]形式

---

① 浙江省人民政府.浙江省人民政府办公厅关于进一步加强危险废物和污泥处置监管工作的意见:浙政办发[2013]152 号[EB/OL].(2014-01-02)[2018-05-01].http://www.zj.gov.cn/art/2014/1/9/art_32432_134186.html.

② 国家环境保护局.关于发布《大中城市固体废物污染环境防治信息发布导则》的公告:公告 2006 年第 33 号[EB/OL].(2006-07-10)[2018-05-01].http://www.mep.gov.cn/gkml/zj/gg/200910/t20091021_171640.htm.

③ 目前已公布 2014 年、2015 年、2016 年、2017 年各年度《全国大、中城市固体废物污染环境防治年报》。

发布固体废物污染环境防治信息,从信息发布、重点工作进展、能力建设以及地方工作实践等方面,介绍各年度我国固体废物污染环境防治工作的相关情况。表 1-4 为 2014—2017 年信息发布城市数量汇总。

表 1-4　　　　2014—2017 年信息发布城市数量①　　　（单位:个）

发布年份	强制发布城市		自愿发布城市	总数
	重点城市	模范城市		
2014	47	54	162	263
2015	47	56	141	244
2016	47	56	143	246
2017	47	57	110	214

1.3　固体废物排污许可

1. 制度依据

《中华人民共和国环境保护法》第四十五条规定:"国家依照法律规定实行排污许可管理制度。实行排污许可管理的企业事业单位和其他生产经营者应当按照排污许可证的要求排放污染物;未取得排污许可证的,不得排放污染物。"

《控制污染物排放许可实施方案》(国办发〔2016〕81 号)文指出:"分步实现排污许可全覆盖。排污许可证管理内容主要包括大气污染物、水污染物,并依法逐步纳入其他污染物。"此处的"其他污染物"主要指固体废物和噪声。

《控制污染物排放许可实施方案》第七节第十八条指出:"推动修订固体废物污染环境防治法、环境噪声污染防治法,探索将

---

① 每年自愿发布信息城市的范围不完全重合。引自:中华人民共和国环境保护部. 2017 年全国大、中城市固体废物污染环境防治年报(第 2 页)[EB/OL]. (2017-12-06)[2018-05-01]. http://trhj. mep. gov. cn/gtfwhjgl/zhgl/201712/P020171214496030805251. pdf.

有关污染物纳入排污许可证管理。"随着《固废法》的修订,固体废物将逐步依法纳入排污许可管理。张永在《危险废物监管需制度创新》①一文中指出:当前国内危险废物监管主要有申报登记制度、转移联单制度和经营许可证制度。其建议应改革创新危险废物监管制度,简政放权,强化事中、事后监管,其中包括实施排污许可证制度。张永指出:基层环保部门在对企业进行检查时,对企业产生危险废物的种类和数量主要根据环评文件和批复来确定。但环评文件对危险废物的种类和数量有时存在着预测不清不准的问题。当前的排污申报登记制度没有对企业产废提出总量控制的要求,不符合"减量化"原则。2016年11月,国务院办公厅印发了《控制污染物排放许可制实施方案》,提出要将排污许可制度建设成为固定污染源环境管理的核心制度。2016年12月,环境保护部印发《排污许可证管理暂行规定》。但目前只考虑水、大气污染物排放的许可,没有把危险废物纳入排污许可管理。其认为,危险废物纳入排污许可管理容易操作,因为只涉及种类和数量,不涉及浓度,也不存在稀释排放等问题。在排污许可证上面,只需要载明产生危险废物的种类、数量、去向;对产生量大的某些行业,载明产废总量控制要求。让排污许可证成为危险废物后续监管的依据,企业必须按证产生、贮存、转移和处置危险废物。

目前,上海市已先行将固体废物纳入排污许可管理。《上海市排污许可证管理实施细则》(沪环规〔2017〕6号)第四条 (综合许可)指出:"本市对排污单位排放水污染物、大气污染物、固体废弃物、噪声等排污行为实行综合许可管理。"

2. 排污许可申报内容

固体废物的排污许可需要申报的内容包括:固体废物的产污环节、固体废物的废物类别、固体废物的产生点位(产生的设备设

---

①　张永.危险废物监管需制度创新[N].中国环境报,2017-03-07(003).

施)、排放规律;各类固体废物的申请许可排放量及环境影响评价批复要求;暂存设施设置情况及是否符合要求;自行处置设施(若有)的设施名称、自行处置工艺、是否为可行技术等。

1.4 固体废物环境保护税

1. 应税固体废物

根据《中华人民共和国环境保护税法》(2018 年 1 月 1 日起施行),固体废物是应税污染物。应税固体废物排放地是指应税固体废物产生地①。

企业事业单位和其他生产经营者在符合国家和地方环境保护标准的设施、场所贮存或者处置固体废物的,不属于直接向环境排放污染物,不缴纳相应污染物的环境保护税②。

企业事业单位和其他生产经营者贮存或者处置固体废物不符合国家和地方环境保护标准的,应当缴纳环境保护税③。

上述国家环境保护标准具体包括:《危险废物焚烧污染控制标准》(GB 18484－2001)、《危险废物贮存污染控制标准》(GB 18597－2001)、《危险废物填埋污染控制标准》(GB 18598－2001)、《水泥窑协同处置固体废物污染控制标准》(GB 30485－2013)等。

2. 计税依据④

(1) 应税固体废物的计税依据按照固体废物的排放量确定。

(2) 固体废物的排放量为当期应税固体废物的产生量减去当期应税固体废物的贮存量、处置量、综合利用量的余额。

固体废物的排放量＝当期应税固体废物的产生量－当期应

---

① 《中华人民共和国环境保护税法实施条例》第十七条。
② 《中华人民共和国环境保护税法》第四条第 2 项。
③ 《中华人民共和国环境保护税法》第五条第 2 款。
④ 《中华人民共和国环境保护税法》第七条第 3 项;《中华人民共和国环境保护税法实施条例》第五条、第六条。

税固体废物的贮存量－当期应税固体废物的处置量－当期应税固体废物的综合利用量

其中，固体废物的贮存量、处置量，是指在符合国家和地方环境保护标准的设施、场所贮存或者处置的固体废物数量；固体废物的综合利用量，是指按照国务院发展改革、工业和信息化主管部门关于资源综合利用要求以及国家和地方环境保护标准进行综合利用的固体废物数量。

可见，对于守法企业而言，固体废物的排放量为零。而对于违反《固废法》【注：主要指违反《中华人民共和国固体废物污染环境防治法》(2016 年修正)以下条款：第五十五条　产生危险废物的单位，必须按照国家有关规定处置危险废物，不得擅自倾倒、堆放；不处置的，由所在地县级以上地方人民政府环境保护行政主管部门责令限期改正；逾期不处置或者处置不符合国家有关规定的，由所在地县级以上地方人民政府环境保护行政主管部门指定单位按照国家有关规定代为处置，处置费用由产生危险废物的单位承担。第五十六条　以填埋方式处置危险废物不符合国务院环境保护行政主管部门规定的，应当缴纳危险废物排污费。危险废物排污费征收的具体办法由国务院规定。危险废物排污费用于污染环境的防治，不得挪作他用。目前"第五十六条"提到的"危险废物排污费"已被"环境保护税替代"。】的企业，除依照《中华人民共和国环境保护税法》缴纳环境保护税，还应当对所造成的损害依法承担责任，即对违法行为处罚和税收并用。另外，纳税人有非法倾倒应税固体废物或进行虚假纳税申报情形的，以其当期应税固体废物的产生量作为固体废物的排放量。

3. 应纳税额

应税固体废物的应纳税额为固体废物排放量乘以具体适用税额[①]。如表 1-5 所示。

---

① 《中华人民共和国环境保护税法》第十一条第 3 项。

表 1-5 固体废物环境保护税税目税额

序号	税目	计税单位	税额(元)
1	煤矸石	吨	5
2	尾矿	吨	15
3	危险废物	吨	1000
4	冶炼渣、粉煤灰、炉渣和其他固体废物(含半固态、液态废物)	吨	25

注:其他固体废物的具体范围,由省、自治区、直辖市人民政府统筹考虑本地区环境承载能力、污染物排放现状和经济社会生态发展目标要求提出,报同级人民代表大会常务委员会决定,并报全国人民代表大会常务委员会和国务院备案①。

4. 税收减免

纳税人综合利用的固体废物,符合国家和地方环境保护标准的,暂予免征环境保护税②。如:危险废物建材利用生产水泥过程及产品的污染控制满足《水泥窑协同处置固体废物污染控制标准》时,可暂予免征环境保护税。

1.5 固体废物进口和危险废物出口管理

为缓解原料不足,我国从 20 世纪八九十年代开始进口废物用作原料,废物进口环境管理工作随之起步。2004 年,我国修订了《固废法》,对进口废物的目录管理制度、进口废物管理机制、废物进口审批制度等做出规定,为进口废物管理工作提供了法律依据。【注:2015 年 4 月,第十二届全国人大常委会第十四次会议对《固废法》(2013 年版)第二十五条作出修改:将第一款和第二款中的"自动许可进口"修改为"非限制进口";同时,删去第三款中的"进口列入自动许可进口目录的固体废物,应当依法办理自动许

---

① 《中华人民共和国环境保护税法实施条例》第二条;《中华人民共和国环境保护税法》第六条第 2 款。

② 《中华人民共和国环境保护税法》第十二条第 4 项。

可手续"，明确取消"列入自动许可进口类固体废物进口许可"审批制度。《固废法》（2016 年版）直接涉及固体废物进口管理的条款共 6 条，分别是：第二十四条 禁止中华人民共和国境外的固体废物进境倾倒、堆放、处置。第二十五条 禁止进口不能用作原料或者不能以无害化方式利用的固体废物；对可以用作原料的固体废物实行限制进口和非限制进口分类管理。国务院环境保护行政主管部门会同国务院对外贸易主管部门、国务院经济综合宏观调控部门、海关总署、国务院质量监督检验检疫部门制定、调整并公布禁止进口、限制进口和非限制进口的固体废物目录。禁止进口列入禁止进口目录的固体废物。进口列入限制进口目录的固体废物，应当经国务院环境保护行政主管部门会同国务院对外贸易主管部门审查许可。进口的固体废物必须符合国家环境保护标准，并经质量监督检验检疫部门检验合格。进口固体废物的具体管理办法，由国务院环境保护行政主管部门会同国务院对外贸易主管部门、国务院经济综合宏观调控部门、海关总署、国务院质量监督检验检疫部门制定。第二十六条 进口者对海关将其所进口的货物纳入固体废物管理范围不服的，可以依法申请行政复议，也可以向人民法院提起行政诉讼。第七十八条 违反本法规定，将中华人民共和国境外的固体废物进境倾倒、堆放、处置的，进口属于禁止进口的固体废物或者未经许可擅自进口属于限制进口的固体废物用作原料的，由海关责令退运该固体废物，可以并处十万元以上一百万元以下的罚款；构成犯罪的，依法追究刑事责任。进口者不明的，由承运人承担退运该固体废物的责任，或者承担该固体废物的处置费用。逃避海关监管将中华人民共和国境外的固体废物运输进境，构成犯罪的，依法追究刑事责任。第七十九条 违反本法规定，经中华人民共和国过境转移危险废物的，由海关责令退运该危险废物，可以并处五万元以上五十万元以下的罚款。第八十条 对已经非法入境的固体废物，由省级以上人民政府环境保护行政主管部门依法向海关提出处理意见，海关应当依照本法第七十八条的规定作出处罚决定；已经造成环境污染的，由省级以上人民政府环境保护行政主管部门责令进口者消除污染。】2011 年，环境保护部会同商务部、发展改革委、海关总署及质检总局等部门，联合制定印发了《固体废物进口管理办法》(环境保护部、商务部、国家发展改革委、海关总署、质检总局令第 12 号)，并于 2011 年 10 月 1 日正式开始实施[①]。对协调各部门职责、遏制废物非法向我国转移、防止进口废物的环境风险、促进可用作原料废物加工利用行业的有序发展起到了积极的作用。2012 年，进一步印发了《进口可用作原料的固体废物风险监管指南》(环办[2012]147 号)。

为全面禁止洋垃圾入境，推进固体废物进口管理制度改革，促进国内固体废物无害化、资源化利用，保护生态环境安全和人民群众身体健康，2017 年 7 月 18 日，国务院办公厅印发《禁止洋垃圾入境推进固体废物进口管理制度改革实施方案》(国办发〔2017〕70 号)，根据环境风险、产业发展现状等因素，分行业、分种类制定禁止进口的时间表，分批分类调整进口固体废物管理目录，大幅减少进口种类和数量。同时，对《进口可用作原料的固体废物环境保护控制标准》(GB 16487.1～13－2005)进行全面修订。

1. 进口废物目录管理制度

根据《固废法》《控制危险废物越境转移及其处置巴塞尔公约》《固体废物进口管理办法》，环境保护部、商务部、发展改革委、海关总署和质检总局对《禁止进口固体废物目录》、《限制进口类可用作原料的固体废物目录》和《非限制进口类可用作原料的固体废物目录》进行适时调整和修订。截至 2018 年 4 月底，发布的最新公告是《关于发布〈进口废物管理目录〉(2017 年)的公告》(公

[①]　2016 年 12 月 13 日，环境保护部办公厅发布《关于征求〈固体废物进口管理办法(修订草案)〉(征求意见稿)意见的函》(环办土壤函[2016]2289 号)。

告 2017 年第 39 号，自 2017 年 12 月 31 日起执行）【注：这之前已被废止和替代的公告有：环境保护部、商务部、发展改革委、海关总署、质检总局 2017 年第 3 号公告；环境保护部、商务部、发展改革委、海关总署、质检总局 2014 年第 80 号公告；环境保护部、海关总署 2013 年第 7 号公告；环境保护部、海关总署 2011 年第 93 号公告；环境保护部、海关总署、质检总局 2009 年第 78 号公告；环境保护部、商务部、发展改革委、海关总署、质检总局 2009 年第 36 号公告；原国家环境保护总局、商务部、发展改革委、海关总署、国家质检总局 2008 年第 11 号公告；国家环保总局、海关总署、国家质检总局 2005 年第 5 号公告；商务部、海关总署、国家环保总局 2004 年第 73 号公告；商务部、海关总署、国家质检总局、国家环保总局 2004 年第 66 号公告和 2003 年第 10 号公告；原外经贸部、海关总署、国家环保总局 2002 年第 25 号公告，2001 年 41 号公告和第 36 号公告等。】

2017 年 12 月 14 日，对于列入《限制进口类可用作原料的固体废物目录》中固体废物进口的环境保护管理，环境保护部发布了《限制进口类可用作原料的固体废物环境保护管理规定》（国环规土壤[2017]6 号）①。

2. 危险废物出口

为了规范危险废物出口管理，防止环境污染，根据《控制危险废物越境转移及其处置巴塞尔公约》和有关法律、行政法规，原国家环境保护总局公布了《危险废物出口核准管理办法》（国家环境保护总局令第 47 号，2008 年 3 月 1 日起施行）。【注：该《办法》包含 10 个附件，分别是：附件一　危险废物出口申请书；附件二　危险废物越境转移通知书（中文）；附件三　危险废物基本情况数据表；附件四　危险废物出口核准通知单；附件五　《危险废物越

---

① 《限制进口类可用作原料的固体废物环境保护管理规定》（环境保护部公告 2015 年第 70 号）同时废止。

境转移－转移单据》(中文);附件六　运输前信息报告单;附件七
　离境信息报告单;附件八　抵达进口国(地区)信息报告单;附件九　处置或者利用完毕信息报告单;附件十　危险废物出口总结信息报告单。】

　　该《办法》要求:在中华人民共和国境内产生的危险废物应当尽量在境内进行无害化处置,减少出口量,降低危险废物出口转移的环境风险。禁止向《巴塞尔公约》非缔约方出口危险废物。国务院环境保护行政主管部门负责核准危险废物出口申请,并进行监督管理。县级以上地方人民政府环境保护行政主管部门依据本办法的规定,对本行政区域内危险废物出口活动进行监督管理。

第 2 章　危险废物管理

2.1　项目环评中的危险废物预测与评价

一般建设项目的污染物形态可分为气、水、声、渣 4 类。废气影响的环境要素是环境空气(对于沉降性的大气污染物还可能影响土壤环境)、废水影响的环境要素是地表水和地下水、噪声影响的环境要素是声环境。固体废物没有直接对应的环境要素,也没有相应的环境质量标准①。其中,气、水、声自 1993 年起陆续出台了环境影响评价技术导则。固体废物或危险废物的环境影响预测与评价则长期缺乏专项技术规范的指导。【注:1993 年出台《环境影响评价技术导则　地面水环境》(HJ/T2.3)、《环境影响评价技术导则　大气环境》(HJ/T 2.2);1995 年出台《环境影响评价技术导则　声环境》(HJ 2.4);2011 年出台《环境影响评价技术导则　地下水环境》(HJ 610)。2017 年,环保部首次出台直接指导危险废物环境影响预测与评价的技术文件《建设项目危险废物环境影响评价指南》。而部分地方环境保护主管部门在此前已出台相关文件,如:浙江省出台了《关于进一步加强建设项目固体废物环境管理的通知》(浙环发[2009]76 号);江苏省出台了《关于加强建设项目环评文件固体废物内容编制的通知》(苏环办[2013]283号)。】

自项目环评制度实施以来,环评报告撰写和环评专家审查历来更为重视对水和大气环境要素的影响预测与评价。由于固体废物环境影响评价技术规范的缺失等原因,长期以来环评机构对

---

① 蒋勇翔.谈环评实际工作中固体废物环境影响评价的编制[J].能源研究与管理,2015(01):23-25.

固废产生种类和数量缺乏深入调查、论证,缺乏数据积累,环评报告固废章节比较薄弱。环评预测的固废产生情况与实际生产情况往往存在较大差异。

1. 环评预测的固废与实际生产情况存在差异的原因

(1)由于重点关注废水、废气排放量,为了在环评报告书中尽量降低废水、废气排放浓度和排放量,在进行水、气、渣物料平衡分析时,可能会把固废产生量人为增大,导致环评预测固废产生量大于实际产生量。

(2)环评报告是依据项目可行性研究报告编制。项目可行性研究报告中的产品和工艺与最后企业实际投产的情况有一定出入,导致固废预测与实际不符。

(3)部分环评报告为了获得专家认可,必须要有较高的产品得率,产品和副产品占比要求较高。但实际技术工艺水平和产品得率远低于环评报告中的预测值。产品得率低,意味着实际生产过程中,大量的原、辅料都转化为包括固体废物在内的"三废"(指废水、废气、废渣)。

2. 环评预测的危废与实际生产情况存在差异的案例

1)产品:5-(N-羟乙基)氨基邻甲酚

危险废物:废盐酸。

环评预测情形:产生 30% 的盐酸 150 吨/年,直接回用于生产中或作为副产品出售。

实际生产情形:产生 5% 的盐酸 817.5 吨/年,作为危险废物委托处置。

环评与实际存在差异的原因:原环评预测部分废盐酸回用于生产中,但由于废盐酸作为反应产物,在吸收过程中会带有部分杂质。而企业的产品作为精细化学品主要应用于高性能聚合物材料及单体、液晶材料、电子化学品和美发助剂等领域,且产品主要用于出口,客户对产品质量要求较高,如果使用回用的盐酸会对产品质量造成影响。

另外,盐酸吸收在原环评中浓度为 30%,浓度较高,实际如果盐酸浓度达到 30%,会有很多氯化氢气体挥发进入尾气系统,影响尾气系统的正常运作。为了保证尾气排放指标合格,企业对盐酸吸收液进行频繁更换,吸收浓度降低至 5% 的盐酸,导致盐酸产生量比预测增加。

另外,产生的盐酸要作为副产品出售,需要增加生产线以进一步精制,且需要进行副产品申报登记等程序。而市场上精品盐酸的价格比当时环评编制期间大大降低,副产品盐酸无人问津。因此,企业暂时未开展副产品申报等工作。

2)产品:4,4-二(3-氨基苯氧基)联苯

危险废物:精馏残液(含 DMAC、NaCl 等)。

环评预测情形:产生精馏残液(含:DMAC①、NaCl 等)50 吨/年,作为危废委托处置。

实际生产情形:产生精馏残液(含:DMAC、NaCl 等)33 吨/年,作为危废委托处置。

环评与实际存在差异的原因:危险废物精馏残液实际产生情况与环评预测相同,实际生产过程中分析产生的精馏残液的成分,其中 DMAC 比例较高。故企业增加了蒸馏回收 DMAC 工序(即将精馏残液导入反应釜,反应釜抽真空,打开蒸发器和冷凝器,将反应釜内液体蒸出后回用),回收 DMAC 约 17 吨/年。因此,实际产生的精馏残液少于环评预测量。

3)产品:5-氯-2-甲基对苯二胺

危险废物:深冷回收残液(含:甲醇、水合肼、水等)。

环评预测情形:产生深冷回收残液(含:甲醇、水合肼、水等)50 吨/年,作为危废委托处置。

---

① DMAC 学名二甲基乙酰胺(Dimethylacetamide),分子式 $CH_3CON(CH_3)_2$。在有机合成中,二甲基乙酰胺是极好的催化剂。在部分医药和农药生产中,也可采用二甲基乙酰胺作为溶剂或助催化剂,与传统有机溶剂相比,对产品质量和回收率均有提高作用。

实际生产情形:产生深冷回收残液(含:甲醇、水合肼、水等)约 50 吨/年,全部进入污水处理系统,不作为危废委托处置。

环评与实际存在差异的原因:实际生产中,考虑到深冷回收残液中无危险化学品和敏感物质存在,甲醇进入污水站后可以补充碳源,不会对污水处理系统造成影响,且污水处理站采用了芬顿氧化等处理工艺,能保证污水处理达标排放。深冷回收残液进入厂内污水处理站不会造成不利影响,故实际生产中,深冷回收残液全部进入污水处理系统,未作为危险废物处置。【注:企业需要开展后环评或编制危废核查报告论证,进行变更备案】

3. 危险废物环境影响评价技术要求

为贯彻落实《中华人民共和国环境保护法》《中华人民共和国环境影响评价法》《中华人民共和国固体废物污染环境防治法》[①]等法律法规,按照《建设项目环境影响评价技术导则　总纲》(HJ2.1)及其他相关技术标准的有关规定,环境保护部制定了《建设项目危险废物环境影响评价指南》(自 2017 年 10 月 1 日起施行)(以下简称《指南》),以进一步规范建设项目产生危险废物的环境影响评价工作,指导各级环境保护主管部门开展相关建设项目环境影响评价审批。该《指南》对环评各章节中危险废物环境影响评价技术要求如表 2-1 所示。

---

① 《中华人民共和国固体废物污染环境防治法》:第十三条　建设产生固体废物的项目以及建设贮存、利用、处置固体废物的项目,必须依法进行环境影响评价,并遵守国家有关建设项目环境保护管理的规定。第十四条　建设项目的环境影响评价文件确定需要配套建设的固体废物污染环境防治设施,必须与主体工程同时设计、同时施工、同时投入使用。固体废物污染环境防治设施必须经原审批环境影响评价文件的环境保护行政主管部门验收合格后,该建设项目方可投入生产或者使用。对固体废物污染环境防治设施的验收应当与对主体工程的验收同时进行。

表 2-1   建设项目危险废物环境影响评价技术要求

序号	环评章节	危险废物环境影响评价技术要求
1	工程分析	结合建设项目主辅工程的原辅材料使用情况及生产工艺,全面分析各类固体废物的产生环节、主要成分、有害成分、理化性质及其产生、利用和处置量。具体内容包括: (1)固体废物属性判定[1]; (2)(建设项目危险废物)产生量核算[2]; (3)污染防治措施[3]
2	环境影响分析	从危险废物的产生、收集、贮存、运输、利用和处置等全过程以及建设期、运营期、服务期满后等时段角度考虑,分析预测建设项目产生的危险废物可能造成的环境影响,进而指导危险废物污染防治措施的补充完善。具体内容包括: (1)危险废物贮存场所(设施)环境影响分析; (2)运输过程的环境影响分析; (3)利用或者处置的环境影响分析; (4)委托利用或者处置的环境影响分析
3	污染防治措施技术经济论证	对建设项目可研报告、设计等技术文件中的污染防治措施的技术先进性、经济可行性及运行可靠性进行评价,根据需要补充完善危险废物污染防治措施。明确危险废物贮存、利用或处置相关环境保护设施投资并纳入环境保护设施投资、"三同时"验收表。具体内容包括: (1)贮存场所(设施)污染防治措施; (2)运输过程的污染防治措施; (3)利用或者处置方式的污染防治措施
4	环境风险评价	针对危险废物产生、收集、贮存、运输和处置等不同阶段的特点,进行风险识别和源项分析并进行后果计算,提出危险废物的环境风险防范措施和应急预案编制意见,并纳入建设项目环境影响报告书(表)的突发环境事件应急预案专题

续表

序号	环评章节	危险废物环境影响评价技术要求
5	环境管理要求	落实危险废物环境管理与监测制度,对项目危险废物收集、贮存、运输、利用、处置各环节提出全过程环境监管要求 列入《国家危险废物名录》附录《危险废物豁免管理清单》中的危险废物,在所列的豁免环节,且满足相应的豁免条件时,可以按照豁免内容的规定实行豁免管理 对冶金、石化和化工行业中有重大环境风险,建设地点敏感,且持续排放重金属或者持久性有机污染物的建设项目,提出开展环境影响后评价要求,并将后评价作为其改扩建、技改环评管理的依据
6	危险废物环境影响评价结论与建议	归纳建设项目产生危险废物的名称、类别、数量和危险特性,分析预测危险废物产生、收集、贮存、运输、利用和处置等环节可能造成的环境影响,提出预防和减缓环境影响的污染防治、环境风险防范措施以及环境管理等方面的改进建议
7	附件	开展危险废物属性实测的,提供危险废物特性鉴别检测报告;改扩建项目并附已建危险废物贮存、处理及处置设施照片等

[表注 1]:工程分析中"固体废物属性判定"的具体内容是:

根据《中华人民共和国固体废物污染环境防治法》、《固体废物鉴别标准　通则》(GB 34330－2017),对建设项目产生的物质(除目标产物,即:产品、副产品外),依据产生来源、利用和处置过程鉴别属于固体废物并且作为固体废物管理的物质,应按照《国家危险废物名录》《危险废物鉴别标准　通则》(GB 5085.7)等进行属性判定。

(1)列入《国家危险废物名录》的直接判定为危险废物。环境影响报告书(表)中应对照名录明确危险废物的类别、行业来源、代码、名称和危险特性。

(2)未列入《国家危险废物名录》,但从工艺流程及产生环节、主要成分、有害成分等角度分析可能具有危险特性的固体废物,环评阶段可类比相同或相似的固体废物危险特性判定结果,也可选取具有相同或相似性的样品,按照《危险废物鉴别技术规范》(HJ/T 298)、《危险废物鉴别标准》(GB 5085.1—6)等国家规定的危险废物鉴别标准和鉴别方法予以认定。该类固体废物产生后,应按国家规定的标准和方法对所产生的固体废物再次开展危险特性鉴别,并根据其主要有害成分和危险特性确定所属废物类别,按照《国家危险废物名录》要求进行归类管理。

(3)环评阶段不具备开展危险特性鉴别条件的可能含有危险特性的固体废物,环境影响报告书(表)中应明确疑似危险废物的名称、种类、可能的有害成分,并明确暂按危险废物从严管理,并要求在该类固体废物产生后开展危险特性鉴别,环境影响报告书(表)中应按《危险废物鉴别技术规范》(HJ/T 298)、《危险废物鉴别标准 通则》(GB5085.7)等要求给出详细的危险废物特性鉴别方案建议。

[表注2]:工程分析中"产生量核算"的具体内容是:

采用物料衡算法、类比法、实测法和产排污系数法等相结合的方法核算建设项目危险废物的产生量。对于生产工艺成熟的项目,应通过物料衡算法分析估算危险废物产生量,必要时采用类比法、产排污系数法校正,并明确类比条件、提供类比资料;若无法按物料衡算法估算,可采用类比法估算,但应给出所类比项目的工程特征和产排污特征等类比条件;对于改、扩建项目可采用实测法统计核算危险废物产生量。

[表注3]:工程分析中的"污染防治措施"应给出危险废物收集、贮存、运输、利用和处置环节采取的污染防治措施。

工程分析阶段应以表格的形式列明危险废物的名称、数量、类别、形态、危险特性和污染防治措施等内容,样表见表2-2。在项目生产工艺流程图中应标明危险废物的产生环节,在厂区布置图中应标明危险废物贮存场所(设施)、自建危险废物处置设施的位置。另外,环境影响报告书(表)应列表明确危险废物贮存场所(设施)的名称、位置、占地面积、贮存方式、贮存容积及贮存周期等(表2-3)。

表 2-2　　　工程分析中危险废物汇总样表

序号	危险废物名称	危险废物类别	危险废物代码	产生量(吨/年)	产生工序及装置	形态	主要成分	有害成分	产废周期	危险特性	污染防治措施
1											
2											
…											

表 2-3　　建设项目危险废物贮存场所(设施)基本情况样表

序号	贮存场所(设施)名称	危险废物名称	危险废物类别	危险废物代码	位置	占地面积	贮存方式	贮存能力	贮存周期
1									
2									
…									

2.2　危险废物核查

项目环评经环保部门审批后,具有法律效力,是地方环保部门日常监管和企业环境管理的依据。但由于历史原因以及一些环评编制机构自身水平的局限,部分环评报告中关于危险废物的描述不符合企业实际状况和当前监管要求。因此,地方环保部门或企业自身可结合实际工作需要,委托第三方技术咨询机构开展专项危险废物核查工作,编制危险废物核查报告[①]。

1. 核查目的

通过对产废单位开展危险废物核查工作,核定废物属性、种类、数量和去向,实现动态更新,使产废单位明确自身危险废物的底数和边界。

2. 核查对象

(1) 生产情况与环评、验收确定的产品方案、原辅材料种类和工艺过程不一致,且出入较大的;

(2) 建设项目环评和验收技术文件中,对废物种类识别不全、属性判定不明、预测数量差异较大的,或者建设项目环评和验收技术文件对危险废物属性判定不符合现行法规要求的;

(3) 高浓度、高盐分、难降解液态物质或者酸(碱)性洗液作为工艺废水处理缺乏技术支撑或论证的。

(4) 下列类型的企业或行业应优先开展危险废物核查工作:

企业:年产生或贮存危险废物超过(含)100 吨的企业;涉危险废物投诉举报多、有严重违法违规记录、涉危险废物环境安全隐患突出的企业;长期贮存,不及时利用、处置危险废物的企业。

行业:涉及重金属、三致(致畸、致癌、致突变)物质、持久性有机污染物及医疗废物等的有色、石化化工、医药等重点行业;区域重点行业;非法转移、倾倒、处置危险废物案件频发的行业;上年

---

① 孔维泽. 监管危险废物要用好第三方核查[N]. 中国环境报,2017-03-31(003).

3. 核查内容

主要有四个方面：一是对照企业建设项目环评和环保验收技术文件，核实企业产品、工艺和产能情况。二是根据产品工艺和原辅材料使用，厘清固体废物种类，识别危险废物及产生点，核定满负荷工况下的产生基数。三是对照有关法规标准，核查企业固体废物（以危险废物为主）的贮存、转运和利用处置的安全性及合法性。四是梳理存在的问题和隐患，逐项提出具体建议。另外，在 2016 年前后，新、旧《国家危险废物名录》换版阶段，危险废物核查工作中还需按照《名录》（2016 年版）核实企业产生的危险废物种类、代码，及未列入《名录》（2008 年版）但列入《名录》（2016年版）的新增危险废物种类、数量、处置去向等情况。

国内，浙江省在 2014 年首次启动危险废物产生单位核查工作，其率先在基础化学原料制造、化学原料和化学制品制造业、医药制造业、皮革鞣制加工、塑料人造革和钢压延加工等 6 个行业开展危险废物核查。并出台了《企业危废核查报告编制指南》，对危险废物核查报告编制进行了规范（见附录 1 危险废物产生单位核查报告大纲）[①]。

2.3 固体废物鉴别

固体废物鉴别是判断物质是否属于固体废物的活动，是确定固体废物和非固体废物管理界限的方法和手段。

固体废物鉴别是危险废物鉴别的前提，在危险废物鉴别之前，首先必须进行固体废物鉴别，如果一个物质不属于固体废物，那么它就不属于危险废物。

为了统一各个检验机构或鉴别机构鉴别固体废物的尺度，保证

---

① 浙江省环境保护厅. 关于开展危险废物产生单位核查工作的通知: 浙环办函 (2014) 72 号[EB/OL]. (2014-04-15)[2018-05-01]. http://www. zjepb. gov. cn/art/ 2014/4/15/art_1201816_15010352. html.

鉴别质量和鉴别结果的公正和可靠,环境保护部与国家质量监督检验总局联合发布了《固体废物鉴别标准　通则》(GB34330-2017)。该标准是我国首次制定的关于固体废物的鉴别标准,具有强制执行的效力。【注:《固体废物鉴别标准　通则》(GB 34330-2017)正式发布之前,固体废物鉴别依据主要是《固体废物鉴别导则(试行)》。其主要内容包括:固体废物的定义、固体废物的范围(列举了固体废物包含的物质、物品或材料;固体废物不包括的物质或物品)以及固体废物与非固体废物的鉴定(可以根据废物的作业方式和原因进行判断;或根据特点和影响进行判断)、固体废物与非固体废物判别流程图等。环境保护部 2017 年 11 月 24 日发布的《环境保护部关于废止部分规范性文件的公告》(公告 2017 年　第 57 号)已将《固体废物鉴别导则(试行)》废止。】

　　该标准主要包括 4 部分内容,其中第 1 部分是依据产生源明确固体废物种类,具体包括了丧失原有使用价值的产品(商品)、在工农业生产过程中产生的副产物以及在环境治理和污染控制过程中产生的废弃物质,其中明确了固体废物与污染土壤的界限;第 2 部分明确了固体废物在其利用和处置过程中的管理属性,同时提出固体废物与其综合利用产品的界限标准;第 3 部分明确了不作为固体废物管理物质种类;第 4 部分明确了不作为液态废物管理的物质以及作为固体废物管理的液态废物与废水的区分标准。

　　为进一步加强进口固体废物环境管理,规范固体废物属性鉴别工作,根据《固废法》《固体废物进口管理办法》,结合现有固体废物属性鉴别机构的执行情况,2017 年底,环境保护部联合海关总署、质检总局,推荐了一批(共 20 家)固体废物属性鉴别机构,供有关部门(单位)选择固体废物属性鉴别机构时参考[①]。

---

　　①　中华人民共和国环境保护部. 关于推荐固体废物属性鉴别机构的通知:环土壤函[2017]287 号[EB/OL]. (2017-12-29)[2018-05-01]. http://www.zhb.gov.cn/gkml/hbb/bh/201801/t20180111_429497.htm.

2.4　危险废物鉴别

　　2007 年 5 月 21 日发布、2007 年 7 月 1 日起实施的指导性标准《危险废物鉴别技术规范》(HJ/T 298－2007)规定了固体废物的危险特性鉴别中样品的采集(包括采样对象的确定、份样数的确定、份样量的确定及采样方法等)和检测,以及检测结果的判断等过程的技术要求。适用于固体废物的危险特性鉴别,不适用于突发性环境污染事故产生的危险废物的应急鉴别。

　　其中,固体废物采样工具、采样程序、采样记录、盛样容器、制样和样品的保存按照《工业固体废物采样制样技术规范》(HJ/T20)的要求,样品的预处理按照《危险废物鉴别标准》(GB 5085)的要求。

　　国家危险废物鉴别标准由以下 7 个标准组成:《危险废物鉴别标准　腐蚀性鉴别》(GB 5085.1－2007)、《危险废物鉴别标准　急性毒性初筛》(GB 5085.2－2007)、《危险废物鉴别标准　浸出毒性鉴别》(GB 5085.3－2007)、《危险废物鉴别标准　易燃性鉴别》(GB 5085.4－2007)、《危险废物鉴别标准　反应性鉴别》(GB 5085.5－2007)、《危险废物鉴别标准　毒性物质含量鉴别》(GB 5085.6－2007)和《危险废物鉴别标准　通则》(GB 5085.7－2007)。GB 5085.7 规定了危险废物的鉴别程序、危险废物混合后判定规则、危险废物处理后判定规则。【注:GB5085.7 规定危险废物的鉴别应按照以下程序进行:4.1 依据《中华人民共和国固体废物污染环境防治法》、《固体废物鉴别导则》判断待鉴别的物品、物质是否属于固体废物,不属于固体废物的,则不属于危险废物。4.2 经判断属于固体废物的,则依据《国家危险废物名录》判断。凡列入《国家危险废物名录》的,属于危险废物,不需要进行危险特性鉴别(感染性废物根据《国家危险废物名录》鉴别);未列入《国家危险废物名录》的,应按照第 4.3 条的规定进行危险特性鉴别。4.3 依据 GB5085.1～GB5085.6 鉴别标准进行鉴别,凡具有腐蚀性、毒性、易燃性、反应性等一种或一种以上危险特性的，属于危险废物。4.4 对未列入《国家危险废物名录》或根据危险废物鉴别标准无法鉴别，但可能对人体健康或生态环境造成有害影响的固体废物，由国务院环境保护行政主管部门组织专家认定。】

2016 年 12 月 19 日发布的《危险废物鉴别工作指南（试行）（征求意见稿）》，是用于指导危险废物鉴别单位开展危险废物鉴别工作。该指南规定固体废物危险特性的鉴别程序应包括：鉴别委托、编制鉴别方案、采样和检测及出具鉴别报告等。具体规定了鉴别方案、检测报告、鉴别报告的主要内容要求，并规定了危险废物鉴别单位的必备条件和质量保证和质量控制体系、行业自律相关要求，以及各级环保主管部门对危险废物鉴别工作进行监督管理的要求。

2.5　危险废物管理计划

《中华人民共和国固体废物污染环境防治法（2016 年修正）》"第五十三条"要求产废单位制订危险废物管理计划。【注：《中华人民共和国固体废物污染环境防治法（2016 年修正）》：第五十三条　产生危险废物的单位，必须按照国家有关规定制订危险废物管理计划，并向所在地县级以上地方人民政府环境保护行政主管部门申报危险废物的种类、产生量、流向、贮存和处置等有关资料。\前款所称危险废物管理计划应当包括减少危险废物产生量和危害性的措施以及危险废物贮存、利用、处置措施。危险废物管理计划应当报产生危险废物的单位所在地县级以上地方人民政府环境保护行政主管部门备案。\本条规定的申报事项或者危险废物管理计划内容有重大改变的，应当及时申报。】

为落实《固废法》，指导危险废物产生单位制订管理计划，2016 年 1 月 25 日，环境保护部发布了《危险废物产生单位管理计划制订指南》①（以下简称《指南》）。

该《指南》要求，危险废物产生单位制订管理计划要遵循 3 个基本原则：①依法制订，严格落实；②源头减量，过程控制；③因地制宜，切合实际。

1. 制定单位

管理计划应由具有独立法人资格的产废单位制订。对拥有子公司（具有独立法人资格）、分公司（不具有独立法人资格）或者生产基地的集团公司（统称集团公司），按以下规则进行制定：①子公司单独制定。②分公司或者生产基地（统称所属单位），按照属地管理原则划分制定单位。所属单位可与集团公司一起制定，也可分别单独制定。原则上，所属单位与集团公司不在同一设区的市的，应当分别单独制定。

［案例］

某化工企业（有限责任公司）设立后，又先后成立了 4 家关联公司，均位于同一个地块进行生产。5 家公司分别具有独立的企业法人资格。但 5 家公司没有分别编制危险废物管理计划、没有分别建立台账，也没有分别委托处置并发生转移联单，而是全部由最早成立的母公司负责所有其他 4 家企业的危废管理工作。

该化工企业的做法不符合上述《指南》要求具有独立法人资格的子公司单独制订危险废物管理计划的要求。相应地，上述 4 家分别具有独立法人资格的企业的危险废物管理台账也应分别建立，同时分别委托处置单位转移危险废物。

2. 制定时限

原则上管理计划按年度制订，并存档 5 年以上。通常在上年年底、申报年年初向县级以上环保主管部门申报备案。鼓励产废

---

① 中华人民共和国环境保护部. 关于发布《危险废物产生单位管理计划制订指南》的公告：公告 2016 年第 7 号［EB/OL］.（2016-01-26）［2018-05-01］. http://www.mep.gov.cn/gkml/hbb/bgg/201601/t20160128_327043.htm.

单位制订中长期(如 5～10 年)管理计划。制订中长期管理计划的,应当按年度制订实施计划。

3. 制定内容

根据《指南》要求,危险废物产生单位管理计划制订内容如表 2-4 所示。危险废物管理计划中"表 3 危险废物产生概况"和"表 7 危险废物委托利用/处置措施"的样表见表 2-5、表 2-6 所示。

表 2-4　　　　　　危险废物管理计划制订内容一览表

序号	制订内容		表格名称
1	基本信息;基本内容;管理体系		表 1　基本信息
2	过程管理	1.危险废物产生环节 ①产品生产情况;②危险废物产生情况;③危险废物源头减量计划和措施	表 2　产品生产情况 表 3　危险废物产生概况 表 4　危险废物减量化计划和措施
		2.危险废物转移环节 ①危险废物贮存情况;②危险废物运输情况;③危险废物转移情况	表 5　危险废物转移情况
		3.危险废物利用处置环节 ①危险废物自行利用处置情况;②危险废物委托利用处置情况	表 6　危险废物自行利用/处置措施 表 7　危险废物委托利用/处置措施
3	环境监测		表 8　环境监测情况
4	上年度计划实施情况回顾		表 9　上年度管理计划回顾

表2-5　　危险废物管理计划"表3　危险废物产生概况"样表

序号	废物名称	废物代码	废物类别	有害物质名称	物理特性	危险特性	本年度计划产生量（吨）	上年度实际产生量（吨）	来源及产生工序
1	废水处理污泥	80200649	HW49	有机物,微生物	S	腐蚀性	450.00	547.33	污水处理
2	固体废弃物	90004149	HW49	微量物料	S	腐蚀性	17.00	17.94	生产车间
3	活性炭废渣	27100302	HW02	活性炭	S	腐蚀性	7.00	6.37	生产车间
4	废试剂瓶	90004749	HW49	微量试剂	S	腐蚀性	5.00	2.56	实验室
5	过期原料	90004749	HW49	物料	L	腐蚀性	15.00	1.64	仓库车间
6	残液	27100102	HW02	丙酮,甲苯	S	腐蚀性	475.00	437.99	生产车间
7	废盐	27100102	HW02	硫酸钠	SS	腐蚀性	120.00	52.29	生产车间
8	微生物培养基	90004749	HW02	细菌	L	腐蚀性	0.20	0.11	微生物培养
9	废机油	90024908	HW08	机油	L	腐蚀性	0.20	0	各动力设备
10	废试剂	90004749	HW49	试剂	L	腐蚀性	0	0.06	质检部门
11	废桶	90004149	HW49	微量物料	S	腐蚀性	20.00	0	生产车间
合计							1109.40	1066.29	

表2-6 危险废物管理计划"表7 危险废物委托利用/处置措施"样表

序号	危险废物委托利用处置单位名称	许可证编号	危险废物的名称	利用处置方式	本年度计划委托利用处置量（吨）	上年度实际委托利用处置量（吨）
1	**环境服务有限公司	*危废经第**号	废水处理污泥	焚烧	250.0	224.6
			固体废弃物	焚烧	17.0	14.8
			活性炭废渣	焚烧	7.0	6.0
			废试剂瓶	焚烧	5.0	2.0
			过期原料	焚烧	15.0	1.1
			残液	焚烧	55.0	3.3
			微生物培养基	焚烧	0.2	0
			废机油	焚烧	0.2	0
			废试剂	焚烧	0	0.1
2	**化工股份有限公司	*危废经第**号	残液	利用	0	364.4
3	**化工有限公司	*危废经第**号	残液	利用	420.0	0
			废水处理污泥	利用	200.0	0
4	**环保科技有限公司	*危废经第**号	废盐	其他	120.0	30.9
			废水处理污泥	其他	0	295.6
5	**桶业有限公司	**CZ0404OOD021-*	废桶	利用	20.0	0
				合计	1109.4	942.8

2.6　危险废物管理台账

产废单位建立危险废物台账,如实记载产生危险废物的种类、数量、利用、贮存、处置和流向等信息,是危险废物管理计划制度的基础性内容,是危险废物申报登记制度的基础,是产生单位管理危险废物、环保部门监管危险废物的重要依据。

为探索经济可行的危险废物台账模式,促进产生单位掌握危险废物产生、贮存、利用和处置的实际情况,提高危险废物管理的水平以及危险废物申报登记数据的准确性、可靠性,2008 年、2009年环境保护部污染控制司相继启动两期产生单位建立危险废物台账试点工作,出台了《危险废物产生单位建立台账试点工作方案》,提供了危险废物报表样式供试点单位参考①。

在上述试点工作基础上,2016 年 1 月 25 日出台了《危险废物产生单位管理计划制订指南》"附件 3　危险废物产生单位建立台账的要求"。"附件 3"提供了下列表格样式:"附 3-1:表 1.1　危险废物产生工序记录表;表 1.2　危险废物特性表;表 1.3　危险废物产生情况一览表;附 3-2　危险废物台账记录表(以危险废物管理流程的第 3 种情形为例):表 2.1　危险废物产生环节记录表;表 2.2　危险废物贮存环节记录表;表 2.3　危险废物产生单位自行利用处置环节记录表;附 3-3:____年____月危险废物台账企业内部报表。"

1. 台账建立要求

(1)产生单位应当充分结合自身的实际情况,与生产记录相

①　中华人民共和国环境保护部.关于开展危险废物产生单位建立台账试点工作的通知:环办函[2008]175 号[EB/OL].(2008-05-08)[2018-05-01].http://www.mep.gov.cn/gkml/hbb/bgth/200910/t20091022_174844.htm;中华人民共和国环境保护部.关于开展第二期危险废物产生单位建立台账试点工作的通知:环办函[2009]767 号[EB/OL].(2009-07-31)[2018-05-01].http://www.mep.gov.cn/gkml/hbb/bgth/200910/t20091022_175028.htm.

衔接,建立内部危险废物管理机制和流程,明确各部门职责,真实记录危险废物的产生、贮存、利用和处置等信息,保证危险废物台账制度的良好运行。确保所有原始单据或凭证交由专人(如台账管理员)汇总,跟踪危险废物在产生单位内部运转的整个流程。

(2)既要掌控危险废物产生和流向情况,确保废物不非法流失;同时,又经济可行,不过度增加企业和操作人员的负担。

(3)在危险废物产生环节,可以按重量、体积、袋或桶的方式记录危险废物数量。危险废物转移出产生单位时或在产生单位内部利用处置时,原则上要求称重。

(4)对需要重点管理的危险废物(如剧毒废物),可建立内部转移联单制度,进行全过程追踪管理;对于危险废物产生频繁,每批均予进行记录负担过重的情形,如果从废物产生部门到贮存库/场的过程可以控制,能有效防止废物非法流失,则在产生环节可简化或不予以记录。

(5)鼓励产废单位采用信息化手段建立危险废物台账。产废单位应在台账工作的基础上如实向所在地县级以上人民政府环境保护主管部门申报危险废物的种类、产生量、流向、贮存及处置等有关资料。

(6)每种危险废物应当单独填写一本台账,每本台账的使用期限均为 1 年,从每年的 1 月 1 日开始至 12 月 31 日,下一年应当及时更换新的台账。危险废物台账应分类装订成册,由专人管理,防止遗失。有条件的单位应采用信息软件辅助记录和管理危险废物台账。危险废物台账保存期限至少为 5 年。

2. 危险废物管理流程

《第二期危险废物产生单位建立台账试点工作方案》梳理了危险废物管理流程一般有以下几种情形:

1)1 个环节

(1)废物产生(产生部门)→直接内部自行利用或处置(产生单位内部废物利用处置部门)。

(2) 废物产生(产生部门)→直接委托或提供给外单位利用或处置(外部废物利用或处置单位)。

2) 2个环节

(1) 废物产生(产生部门)→废物贮存库/场(废物贮存部门)→内部自行利用或处置(产生单位内部废物利用处置部门)。

(2) 废物产生(产生部门)→废物贮存库/场(废物贮存部门)→委托外单位利用或处置(外部废物利用或处置单位)。

3) 3个及以上环节

(1) 废物产生(产生部门)→第1临时收集点/第1次废物收集和转运→……第 n 临时收集点/第 n 次废物收集和转运→废物贮存库/场(废物贮存部门)→内部自行利用或处置(产生单位内部废物利用处置部门)。

(2) 废物产生(产生部门)→第1临时收集点/第1次废物收集和转运→……第 n 临时收集点/第 n 次废物收集和转运→废物贮存库/场(废物贮存部门)→委托或提供给外单位利用或处置(外部废物利用或处置单位)。

4) 其他情形

废物产生后采用管道运输至贮存场所或直接外运等。

2016年1月25日出台的《危险废物产生单位管理计划制订指南》的"附件3"发布了"危险废物产生单位建立台账的要求"中基本沿用了《第二期危险废物产生单位建立台账试点工作方案》的危险废物管理流程分类。并针对第3种情形提供了"危险废物台账记录表"的样表。

2.7 危险废物申报登记

为落实《固废法》关于危险废物申报登记的规定,同时配合全国第一次污染源普查工作(普查的标准时点为2007年12月31日,时期为2007年度),2006年,原国家环境保护总局发布《关于开展全国工业危险废物申报登记试点工作及重点行业工业危险废物产生源专项调查的通知》（环办[2006]105 号）和《全国工业危险废物申报登记试点工作及重点行业工业危险废物产生源调查实施方案》。在全国范围选择重点行业，开展工业危险废物申报登记试点及工业危险废物产生源专项调查工作。试点行业为化学原料及化学制品制造业。

　　试点和调查工作的申报登记内容包括：现有工业危险废物产生单位的基本情况；产生工业危险废物的类别、数量、贮存、利用、处置及转移等情况；以及执行工业危险废物申报登记制度、转移联单制度、应急预案制度等有关管理制度的情况。

　　2006 年，各省、市相继启动了工业危险废物申报登记试点工作，如：江苏省出台了《关于开展全省危险废物产生源专项申报登记工作的通知》（苏环控[2006]28 号）和《全省危险废物产生源专项申报登记实施方案》；广东省出台了《关于开展广东省工业危险废物申报登记试点工作及重点行业工业危险废物产生源专项调查的通知》（粤环函[2006]1575 号）和《广东省工业危险废物申报登记试点工作及重点行业工业危险废物产生源调查实施方案》。

　　试点和调查工作结束后，工业危险废物申报登记工作逐步纳入现行的污染源申报登记管理体系。

2.8　危险废物贮存

　　危险废物贮存指危险废物再利用、或无害化处理和最终处置前的存放行为。【注：该定义引自《危险废物贮存污染控制标准》（GB 18597－2001）的"定义"部分。《固废法》中定义"固体废物贮存"是指将固体废物临时置于特定设施或者场所中的活动。针对"固体废物"中的"一般工业固体废物"的贮存，有《一般工业固体废物贮存、处置场污染控制标准》（GB 18599－2001）进行规范。】

　　《固废法》"第五十八条"要求："收集、贮存危险废物，必须按照危险废物特性分类进行。禁止混合收集、贮存、运输和处置性质不相容而未经安全性处置的危险废物。贮存危险废物必须采取符合国家环境保护标准的防护措施,并不得超过一年;【注:如果不得不超期贮存,必须向区县环保主管部门提出危险废物延长贮存期限的申请。超期前应提交申请报告,说明超期原因、超期危废种类及数量、计划处理措施及时间等相关信息,详见附录 4。】确需延长期限的,必须报经原批准经营许可证的环境保护行政主管部门批准;法律、行政法规另有规定的除外。禁止将危险废物混入非危险废物中贮存"。

危险废物贮存可分为产生单位内部贮存、中转贮存及集中性贮存。所对应的贮存设施分别为:产生危险废物的单位用于暂时贮存的设施;拥有危险废物收集经营许可证的单位用于临时贮存废矿物油、废镍镉电池的设施;以及危险废物经营单位所配置的贮存设施①。

危险废物贮存是危险废物处置和管理过程中的重要环节,由于危险废物具有危险特性,贮存过程中如果管理不当,不仅将带来环境和人体健康双重风险,还存在事故隐患。主要体现在如下几个方面:废物散落及液态危险废物的外泄,有毒有害气体的有组织排放及无组织排放,不符合标准的贮存带来渗漏、扬尘等,会对土壤、地下水、大气等造成污染,进而将带来人体健康危害;由于超期贮存等原因,危险废物会出现渗漏等环境风险,严重影响环境安全和人体健康;爆炸性和可燃性废物如果贮存管理不当,会带来严重的事故隐患②。现行危险废物收集、包装、贮存相关技术规范和标准要求见表 2-7。

---

① 引自《危险废物收集贮存运输技术规范》(HJ2025—2012).2012-12-24 发布,2013-3-1 实施.

② 引自"环办函[2015]491 号"中的《危险废物贮存污染控制标准》(征求意见稿)编制说明.2015-03.

表 2-7　危险废物收集、包装、贮存相关制度一览表

序号	项目	技术规范、标准要求
1	危险废物收集	《危险废物收集贮存运输技术规范》(HJ2025—2012)中"5 危险废物的收集(5.1～5.10 条款)"
2	危险废物包装	《危险货物包装标志》(GB190) 《危险货物运输包装通用技术条件》(GB12463) 《包装容器　危险品包装用塑料桶》(GB18191) 《包装容器　钢桶》(GB/T325)①
3	危险废物贮存	《危险废物贮存污染控制标准》(GB 18597—2001)②对:危险废物贮存容器、贮存设施的选址与设计原则、贮存设施的运行与管理、贮存设施的安全防护与监测及贮存设施的关闭做了规定和要求。"附录"部分包括以下内容:危险废物标签、危险废物种类标志、不同危险废物种类与一般容器的化学相容性、部分不相容的危险废物和一些危险废物的危险分类
		《危险废物收集贮存运输技术规范》(HJ2025—2012)中"6 危险废物的贮存(6.1～6.10 条款)"
		《常用化学危险品贮存通则》(GB 15603)③

①　GB/T325《包装容器　钢桶》分为 5 个部分:第 1 部分:通用技术要求;第 2 部分:最小总容量 208L,210L 和 216.5L 全开口钢桶；第 3 部分:最小总容量 212L,216.5L 和 230L 闭口钢桶;第 4 部分:200L 及以下全开口钢桶;第 5 部分:200L 及以下闭口钢桶。

②　2015 年 4 月 3 日,环境保护部办公厅发布《危险废物贮存污染控制标准(征求意见稿)》。见"关于征求《危险废物填埋污染控制标准》(征求意见稿)等两项国家环境保护标准意见的函(环办函[2015]491 号)"。该征求意见稿包括:前言、适用范围、规范性引用文件、术语和定义、危险废物贮存设施的选址、危险废物贮存设施的建设、危险废物贮存容器、危险废物贮存设施的运行管理、危险废物贮存设施事故应急、监测、危险废物贮存设施的关闭、标准的实施与监督共十二部分。另外还包括规范性附录 A 危险废物标签和标志,资料性附录 B 危险废物的相容性和危险分类。

③　GB15603 将化学危险品贮存方式分为三种:a.隔离贮存,指在同一房间或同一区域内,不同的物料之间分开一定的距离,非禁忌物料间用通道保持空间的贮存方式;b.隔开贮存,在同一建筑或同一区域内,用隔板或墙,将其与禁忌物料分离开的贮存方式;c.分离贮存,在不同的建筑物或远离所有建筑的外部区域内的贮存方式。危险废物也可以分为以上 3 种贮存方式。

续表

序号	项目	技术规范、标准要求
3	危险废物贮存	《环境保护图形标志-固体废物贮存(处置)场》(GB15562.2)
		《危险废物焚烧污染控制标准》(GB18484-2001)》中"4.5 危险废物的贮存(4.5.1～4.5.4条款)"①
		《危险废物集中焚烧处置工程建设技术规范》(HJ/T176-2005)中的"5.3　贮存"对危险废物焚烧厂的危险废物贮存容器和危险废物贮存设施提出了具体要求②
		《危险废物安全填埋处置工程建设技术要求》(环发[2004]75号,2004-04-30实施)中"6.1.4　填埋场应设贮存设施"③

---

　　①　GB18484中"4.5　危险废物的贮存"内容如下:4.5.1危险废物的贮存场所必须有符合GB15562.2的专用标志。4.5.2废物的贮存容器必须有明显标志,具有耐腐蚀、耐压、密封和不与所贮存的废物发生反应等特性。4.5.3贮存场所内禁止混放不相容危险废物。4.5.4贮存场所要有集排水和防渗漏设施。

　　②　具体条款如下:"5.3.2　经鉴别后的危险废物应分类贮存于专用贮存设施内,危险废物贮存设施应满足以下要求:(1)危险废物贮存场所必须有符合《环境保护图形标志-固体废物贮存(处置)场》(GB15562.2-1995)的专用标志;(2)不相容的危险废物必须分开存放,并设有隔离间隔断;(3)应建有堵截泄漏的裙角,地面与裙角要用兼顾防渗的材料建造,建筑材料必须与危险废物相容;(4)必须有泄漏液体收集装置及气体导出口和气体净化装置;(5)应有安全照明和观察窗口,并应设有应急防护设施;(6)应有隔离设施、报警装置和防风、防晒、防雨设施以及消防设施;(7)墙面、棚面应防吸附,用于存放装载液体、半固体危险废物容器的地方,必须有耐腐蚀的硬化地面,且表面无裂隙;(8)库房应设置备用通风系统和电视监视装置;(9)贮存库容量的设计应考虑工艺运行要求并应满足设备大修(一般以15天为宜)和废物配伍焚烧的要求;(10)贮存剧毒危险废物的场所必须有专人24小时看管"。

　　③　"6.1.4　填埋场应设贮存设施"具体内容为:"(1)贮存设施的建设应符合《危险废物贮存污染控制标准》(GB18597)的要求。(2)贮存设施的建设应便于废物的存放与回取。(3)贮存设施内应分区设置,将已经过检测和未经过检测的废物分区存放;经过检测的废物应按物理、化学性质分区存放。不相容危险废物应分区并相互远离存放。(4)应包装容器专用的清洗设施。(5)应单独设置剧毒危险废物贮存设施及酸、碱、表面处理废液等废物的贮罐。(6)贮存设施应有抗震、消防、防盗、换气、空气净化等措施,并配备相应的应急安全设备"。

[案例：某区县环保主管部门对产废单位危险废物贮存场所的具体要求①]

①危险废物贮存场所(包括暂存点)应做地面硬化(特定危险废物还应做好防腐、防渗措施)，设置废水导排管道或沟渠，设置雨棚、围堰或围墙，并有大门且上锁。②在外墙面应设立危险废物警告标志、危险废物周知卡、企业危废管理制度，标明贮存场所内可能存在的危险废物，危废特性、应急防护措施应清楚全面。③贮存场所内危险废物分类分区堆放，同时每个区应设置标志、标识，表明该区域堆放的危险废物种类。贮存场所内应有称重设施以及记录台账，对危险废物出、入库实行称重记录。④贮存场所应设置一组具有防腐、防水等功能的视频监控设备。实现对贮存场所大门、贮存场所内部进行监控，达到运输车辆及运输过程、场所内废物、计量称重过程的监控要求，并实现称量数据清晰可见的目的(图 2-1)。

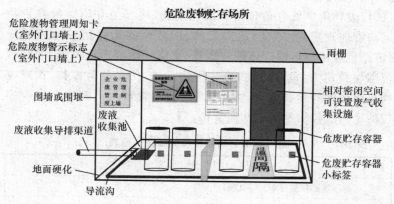

图 2-1　危险废物贮存场所规范建设示意图

---

①　引自浙江某产业集聚区《危险废物管理工作手册》.2018-01.

2.9　危险废物运输

危险废物运输指使用专用的交通工具,通过水路、铁路或公路转移危险废物的过程[①]。

《固废法》"第六十条"要求:"运输危险废物,必须采取防止污染环境的措施,并遵守国家有关危险货物运输管理的规定。禁止将危险废物与旅客在同一运输工具上载运。"《交通运输部关于危险废物是否纳入道路危险货物运输管理有关问题的复函》(交函运[2012]309号)进一步明确了"危险货物"运输管理的相关要求(表2-8)同样适用于危险废物运输。【注:交通运输部2012年12月17日发布的"交函运[2012]309号"具体函复内容如下:"一、《中华人民共和国固体废物污染环境防治法》第六十条规定,'运输危险废物,必须采取防止污染环境的措施,并遵守国家有关危险货物运输管理的规定';《医疗废物管理条例》第二十六条规定,'医疗废物集中处置单位运送医疗废物,应当遵守道路危险货物运输管理规定'。因此,危险废物、医疗废物道路运输应当遵守《道路危险货物运输管理规定》,其《道路运输经营许可证》的经营范围应核定为:危险废物、医疗废物。二、从事危险废物、医疗废物道路运输的驾驶人员、摆运人员、装卸管理人员都应当取得相应的道路危险货物运输从业资格。"】

表 2-8　　　　危险货物运输管理相关制度一览表

序号	文件名称
1	《危险货物包装标志》(GB190)
2	《危险货物运输包装通用技术条件》(GB12463)
3	《道路运输危险货物车辆标志》(GB13392)

[①]　中华人民共和国环境保护部科技标准司.危险废物收集贮存运输技术规范:HJ 2025-2012[S].北京:中国环境科学出版社,2013.

续表

序号	文件名称
4	《危险货物道路运输规则》①
5	《道路危险货物运输管理规定》②
6	《水路危险货物运输规则》(交通部令[1996 年]第 10 号)③
7	《铁路危险货物运输管理规则》(铁运[2008]174 号)
8	《铁路危险货物运输安全监督管理规定》(交通运输部令 2015 年第 1 号)

1.《危险废物转移联单管理办法》(国家环境保护总局令第 5 号)对危险废物运输单位的要求④

---

① 《〈危险货物道路运输规则　第 1 部分:通则〉(征求意见稿)编制说明》提到:现行《汽车危险货物运输规则》(JT617—2004)和《汽车危险货物运输、装卸作业规程》(JT618—2004)作为我国道路危险货物运输交通行业强制性技术标准,详细规定了使用汽车进行危险货物道路运输的托运、承运、车辆和设备、从业人员及劳动防护等基本要求,两项标准是广大危险货物道路运输管理人员和从业人员在进行相关管理和作业时的行为准则,它通过规范危险货物道路运输前、中、后以及装卸过程的作业要求,约束从业人员相关操作行为,达到确保道路危险货物运输、装卸过程的安全,对降低道路危险货物运输事故发生次数和严重程度都起到了积极作用。全国道路运输标准化技术委员会于 2016 年 11 月 10 日发布"关于征求《危险货物道路运输规则》行业标准(征求意见稿)意见的通知(全道运标字[2016]46 号)"。《危险货物道路运输规则》是对《汽车危险货物运输规则》(JT617—2004)、《汽车危险货物运输、装卸作业规程》(JT618—2004)以及《危险货物运输车辆结构要求》(GB21668)的整合。现已公布第 1 至第 9 部分征求意见稿,分别是:通则、分类、道路运输危险货物一览表、包装容器及罐体使用、托运程序、包装容器及罐体的制造与试验、装卸条件及作业要求、运输条件及作业要求和车辆技术要求。

② 2013 年 1 月 23 日交通运输部发布,根据 2016 年 4 月 11 日《交通运输部关于修改〈道路危险货物运输管理规定〉的决定》修正。

③ 根据 2014 年交通运输部立法计划,在对《水路危险货物运输规则》(原交通部令 1996 年第 10 号)进行修订的基础上,交通运输部水运局已组织起草发布《水路危险货物运输管理规定》(征求意见稿)。见:交通运输部办公厅关于征求《水路危险货物运输管理规定》(征求意见稿)意见的函(交办水函[2014]470 号,2014—10—21 发文)。

④ 《危险废物转移联单管理办法》于 1999 年 5 月 31 日经原国家环境保护总局局务会议讨论通过,1999 年 10 月 1 日起施行。

第七条　危险废物运输单位应当如实填写联单的运输单位栏目,按照国家有关危险物品运输的规定,将危险废物安全运抵联单载明的接受地点,并将联单第一联、第二联副联、第三联【注:最终,接受单位将联单第三联交付运输单位存档】、第四联、第五联随转移的危险废物交付危险废物接受单位。

第十二条　转移危险废物采用联运方式的,前一运输单位须将联单各联交付后一运输单位随危险废物转移运行,后一运输单位必须按照联单的要求核对联单产生单位栏目事项和前一运输单位填写的运输单位栏目事项,经核对无误后填写联单的运输单位栏目并签字。经后一运输单位签字的联单第三联的复印件由前一运输单位自留存档,经接受单位签字的联单第三联由最后一运输单位自留存档。

2.《危险废物收集贮存运输技术规范》对危险废物运输的要求

《危险废物收集贮存运输技术规范》(HJ2025—2012)中"7 危险废物的运输"的"7.1~7.6"条款对危险废物运输要求如下:

7.1　危险废物运输应由持有危险废物经营许可证的单位按照其许可证的经营范围组织实施,承担危险废物运输的单位应获得交通运输部门颁发的危险货物运输资质。

7.2　危险废物公路运输应按照《道路危险货物运输管理规定》(交通部令[2005 年]第 9 号)、JT617 以及 JT618 执行;危险废物铁路运输应按《铁路危险货物运输管理规则》(铁运[2006]79号)规定执行;危险废物水路运输应按《水路危险货物运输规则》(交通部令[1996 年]第 10 号)规定执行。

7.3　废弃危险化学品的运输应执行《危险化学品安全管理条例》有关运输的规定。

7.4　运输单位承运危险废物时,应在危险废物包装上按照GB18597　附录 A 设置标志,其中,医疗废物包装容器上的标志应按 HJ421 要求设置。

7.5 危险废物公路运输时,运输车辆应按 GB13392 设置车辆标志。铁路运输和水路运输危险废物时应在集装箱外按 GB190 规定悬挂标志。

7.6 危险废物运输时的中转、装卸过程应遵守如下技术要求:(1)卸载区的工作人员应熟悉废物的危险特性,并配备适当的个人防护装备,装卸剧毒废物应配备特殊的防护装备。(2)卸载区应配备必要的消防设备和设施,并设置明显的指示标志。(3)危险废物装卸区应设置隔离设施,液态废物卸载区应设置收集槽和缓冲罐。

2.10 危险废物转移[①]

1999 年 10 月 1 日,《危险废物转移联单管理办法》(以下简称《办法》)开始施行。该《办法》适用于在中华人民共和国境内从事危险废物转移活动的单位。国务院环境保护行政主管部门对全国危险废物转移联单实施统一监督管理。危险废物转移联单制度可以追踪危险废物流向,实现危险废物"从摇篮到坟墓"全过程的管理。

2016 年 11 月 7 日,中华人民共和国第十二届全国人民代表大会常务委员会第二十四次会议决定对《固废法》第五十九条进行修正,取消省内危险废物转移审批(表 2-9)。为配合实施上述要求,环境保护部正推动修订《危险废物转移联单管理办法》,规范转移审批程序[②]。

---

① 陈阳,郭瑞等.我国危险废物转移管理制度研究与讨论[J].环境保护科学,2017,43(05):111-114,119.

② 中华人民共和国环境保护部.2017 年全国大、中城市固体废物污染环境防治年报(第 13 页)[EB/OL].(2017-12-06)[2018-05-01].http://trhj.mep.gov.cn/gtfwhjgl/zhgl/201712/P020171214496030805251.pdf.

表 2-9　　　　《固废法》第五十九条修正前后对照

项目	修正前	2016 年第三次修正后
《中华人民共和国固体废物污染环境防治法》第五十九条第一款	第五十九条　转移危险废物的，必须按照国家有关规定填写危险废物转移联单，并向危险废物移出地设区的市级以上地方人民政府环境保护行政主管部门提出申请。移出地设区的市级以上地方人民政府环境保护行政主管部门应当商经接受地设区的市级以上地方人民政府环境保护行政主管部门同意后，方可批准转移该危险废物。未经批准的，不得转移	第五十九条　转移危险废物的，必须按照国家有关规定填写危险废物转移联单。跨省、自治区、直辖市转移危险废物的，应当向危险废物移出地省、自治区、直辖市人民政府环境保护行政主管部门申请。移出地省、自治区、直辖市人民政府环境保护行政主管部门应当商经接受地省、自治区、直辖市人民政府环境保护行政主管部门同意后，方可批准转移该危险废物。未经批准的，不得转移

危险废物转移联单制度有以下特点：①强制性。转移危险废物，必须填写危险废物转移联单，并报产生单位所在地市级以上环保部门备案。②过程性。危险废物转移计划通过环保部门审批后，实际转移危险废物的过程中应当填写危险废物转移联单，联单随着危险废物走。③完整性。每次转移危险废物，应当单独填写一份联单。④真实性。转移联单的日期、废物类别、数量等信息应当与危险废物管理台账数据一致。

1. 危险废物纸质转移联单系统

危险废物转移前，危险废物产生单位按国家规定报批危险废物转移计划，经批准后，方可向移出地环境保护主管部门领取联单。现行危险废物纸质转移联单运行流程见图 2-2 所示。

现行危险废物纸质联单运行具体流程如下：

（1）产生单位：在第一联上完成第一部分产生单位栏目填写并加盖公章后，将联单连同危险废物交付运输单位；运输单位核对联单内容（危险废物种类、特性、数量等）后，在第一联上填写联

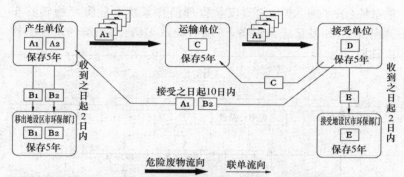

（联单的第一、二、三、四、五联等五联用英文字母 A、B、C、D、E 表示，其中，第一联（白色）：产生单位；第二联（红色）：移出地市级环保局；第三联（黄色）：运输单位；第四联（蓝色）：接受单位；第五联（绿色）：接受地市级环保局。则第一联的正联表示为 A_1，副联为 A_2，第二联的正联表示为 B_1、副联表示为 B_2)

图 2-2　现行危险废物转移联单（纸质转移联单）的运行流程图

单第二部分运输单位栏，随后将第一联的副联与第二联的正联交还给产生单位；产生单位将第一联副联存档 5 年，第二联的正联寄送移出地设区市级人民政府环境保护行政主管部门存档。

（2）运输单位：将联单其余第一联正联、第二联副联、第三联、第四联、第五联等各联随废物一起转移，运输单位将所承担废物连同联单一起交付接受单位。

（3）接受单位：按照联单内容对所接受废物核实验收无误，在第一联上填写第三部分废物接受单位栏并加盖公章后，将第四联自留存档；随后将正确填写完毕并加盖公章的联单的第三联交还给运输单位存档；将第五联寄送接受地设区市级人民政府环境保护行政主管部门存档；将第一联正联及第二联副联寄送危险废物产生单位。

（4）产生单位：第一联正联自留存档，将第二联副联寄送移出地设区市级人民政府环境保护行政主管部门存档。

2. 危险废物电子转移联单系统

纸质转移联单系统的运转需要经过多个环节的签字、盖章和传递，时间成本高。目前，各地已逐步推行危险废物电子转移联单系统(图 2-3),建立危险废物管理信息系统。危险废物转移车辆配备 GPS 卫星定位设备,可随时确认车辆位置、车辆轨迹和转移日期。

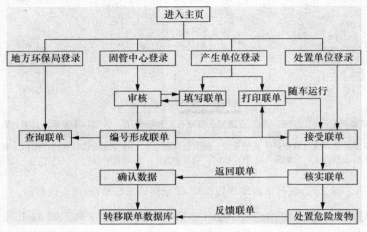

图 2-3 危险废物电子转移联单系统运行流程

2.11 危险废物经营许可

为加强危险废物的监督管理,2004 年,国务院颁发了《危险废物经营许可证管理办法》(国务院令 2004 年第 408 号),正式建立了危险废物利用处置行业许可管理制度。危险废物经营许可相关制度如表 2-10 所示。

表 2-10 危险废物经营许可相关制度

序号	文件名称
1	《危险废物经营许可证管理办法》(国务院令 2004 年第 408 号)①
2	《关于危险废物经营许可证申请和审批有关事项的通告》(环函[2005]26 号)

---

① 该《办法》已出台修订征求意见稿。详见:关于征求《危险废物经营许可证管理办法(修订草案)(征求意见稿)》意见的函.环办土壤函[2017]2001 号。

续表

序号	文件名称
3	《关于做好下放危险废物经营许可审批工作的通知》(环办函[2014]551 号)①；《环境保护部关于修改〈关于做好下放危险废物经营许可证审批工作的通知〉部分条款的通知》(环办土壤函[2016]1804 号)②
4	《关于进一步做好固体废物领域审批审核管理工作的通知》(环发[2015]47 号)③
5	《关于发布〈危险废物经营单位审查和许可指南〉的公告》(公告 2009 年第 65 号)；《关于修改〈危险废物经营单位审查和许可指南〉部分条款的公告》(公告 2016 年第 65 号)④

---

①　该《通知》包含 5 个附件,附件:1.危险废物经营许可证申请书;2.有关证明材料的说明;3.危险废物经营许可证正本(样式);4.危险废物经营许可证副本(样式);5.危险废物经营许可证相关内容填写说明。

②　为做好新建危险废物利用处置项目试生产期间危险废物经营许可工作,环保部对《关于做好下放危险废物经营许可审批工作的通知》(环办函〔2014〕551 号,以下简称《通知》)有关条款进行修改。具体修改条款如下:一、删除《通知》"三、严格许可证审批(二)"技术审查"第 3 条中"对列入《全国危险废物和医疗废物处置设施建设规划》的项目,应当通过建设项目竣工总体验收"的规定。二、将《通知》"附件 2:有关证明材料的说明"第四条"(五)环境影响评价文件的复印件;环境保护设施竣工验收意见的复印件",修改为"(五)已通过建设项目竣工环境保护验收的项目,应提供环境影响评价文件及批复复印件、试运行报告和建设项目竣工环境保护验收意见的复印件;新建成且未验收的项目,应提供环境影响评价文件及批复复印件和试运行计划(含环境保护设施试运行计划)"。三、删除《通知》"附件 2:有关证明材料的说明"第四条中"(八)新建危险废物焚烧炉,应提供试焚烧方案及期限(一般不得超过一年)以及试焚烧结果的报告"。四、修改对照表(见附件)。五、本通知自印发之日起实施,环境保护部办公厅《关于危险废物利用处置建设项目试运行期间危险废物经营许可有关问题的复函》(环办函〔2012〕146 号)同时废止。

③　为落实中央巡视组对环境保护部专项巡视情况反馈意见中关于"固体废物管理领域廉政风险高,应进一步健全制度、细化责任、以上率下"的要求,巩固 2014 年全国固体废物领域审批审核管理专项检查成果,增强固体废物领域的行政管理能力,最大限度地防范环境风险和廉政风险,环境保护部 2015 年 5 月 30 日发布"环发[2015]47 号"。

④　为配合实施《国务院关于第一批取消 62 项中央指定地方实施行政审批事项的决定》(国发[2015]57 号)关于取消建设项目试生产审批的要求,环境保护部印发《关于修改〈关于做好下放危险废物经营许可证审批工作的通知〉部分条款的通知》(环办土壤函[2016]1804 号)、《关于修改〈危险废物经营单位审查和许可指南〉部分条款的公告》(公告 2016 年第 65 号),调整危险废物经营许可证审批相关材料要求,指导地方做好新建危险废物利用处置项目试生产期间危险废物经营许可工作。

续表

序号	文件名称
6	《关于发布〈危险废物经营单位记录和报告经营情况指南〉的公告》（环境保护部公告 2009 年第 55 号）
7	《关于发布〈危险废物经营单位编制应急预案指南〉的公告》（原环境保护总局公告 2007 年第 48 号）
8	《关于发布〈废氯化汞触媒危险废物经营许可证审查指南〉的公告》（环境保护部公告 2014 年第 11 号）
9	《关于发布〈废烟气脱硝催化剂危险废物经营许可证审查指南〉的公告》（环境保护部公告 2014 年第 54 号）
10	《〈废矿物油综合利用行业规范条件〉及〈废矿物油综合利用行业规范条件公告管理暂行办法〉①发布》（中华人民共和国工业和信息化部公告 2015 年第 79 号）
11	《关于废矿物油综合利用行业危险废物经营许可证核发有关问题的复函》②（环办土壤函〔2017〕559 号）

1. 经营许可证分类

《危险废物经营许可证管理办法》："第三条　危险废物经营许可证按照经营方式,分为危险废物收集、贮存、处置综合经营许可证和危险废物收集经营许可证。"《危险废物经营许可证管理办法（修订草案）（征求意见稿）》将经营许可证分为:危险废物综合经营许可证、危险废物利用经营许可证和危险废物收集经营许可证。

2. 经营许可证分级审批

根据《固废法》、《危险废物经营许可证管理办法》,从事收集、贮存、利用和处置危险废物经营活动的单位,必须向环保部门申请领

---

　　① 该《办法》包括:"附:废矿物油综合利用行业规范条件申请书;表 1:废矿物油综合利用企业基本情况表;表 2:废矿物油综合利用企业申报规范条件情况表;表 3:工业和信息化主管部门审核意见表。

　　② 复函提到:采用釜式蒸馏工艺的废矿物油综合利用企业不符合申请领取危险废物经营许可证的条件,不能颁发危险废物经营许可证。

取经营许可证;国家对危险废物经营许可证实行分级审批颁发。

　　根据《国务院关于取消和下放一批行政审批项目的决定》(国发[2013]44 号),将由环境保护部负责的危险废物经营许可审批事项下放至省级环保部门。部分省已将除《关于做好下放危险废物经营许可审批工作的通知》(环办函[2014]551 号)下放至省环保厅的许可证审批事项外,【注:环境保护部下放至省级环保部门负责的危险废物经营许可审批事项具体指:年焚烧 1 万吨以上危险废物、处置含多氯联苯与汞等对环境和人体健康威胁极大的危险废物、利用列入国家危险废物处置设施建设规划的综合性集中处置设施处置危险废物的许可证审批工作。】原由省环保厅审批的危险废物经营许可证的颁发、变更和期满换证事项均下放至省辖市环保局审批。例如,2016 年 04 月 02 日,江苏省环保厅发布《关于做好危险废物经营许可证审批权限下放管理等工作的通知》(苏环办[2016]51 号),江苏省级危险废物经营许可证审批权限全面下放至省辖市环保局。

　　3. 持证经营单位情况[①]

　　《固废法》实施 20 多年来,特别是近 5 年来,我国加快推进固体废物污染防治基础设施建设,危险废物集中处置能力逐年提升。截至 2016 年底,危险废物核准利用处置能力达到 6471 万吨/年,实际利用处置量约 1629 万吨,核准利用处置能力和实际利用处置量分别是 2006 年的 9.1 倍和 5.5 倍。

　　相比 2006 年,2016 年全国危险废物经营许可证数量增长 149%。2006—2016 年全国危险废物经营许可证数量情况如图 2-4 所示。

　　相比 2006 年,2016 年危险废物实际经营规模增长 448%。2006—2016 年危险废物实际经营规模如图 2-5 所示。

---

　　①　参见:中华人民共和国环境保护部. 2017 年全国大、中城市固体废物污染环境防治年报[EB/OL]. (2017-12-06)[2018-05-01]. http://trhj. mep. gov. cn/gtfwhjgl/zhgl/201712/P020171214496030805251. pdf.

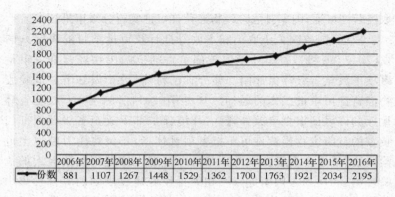

图 2-4　2006—2016 年全国危险废物经营许可证数量情况

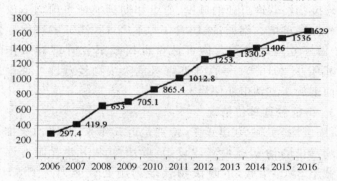

图 2-5　2006—2016 年危险废物实际经营规模(单位:万吨)

2.12　危险废物监管要点

1. 危险废物产生单位监管要点

(1)核源头。重点查看企业环评、验收中的固体废物章节或危废专项核查报告,核实危险废物产生种类与数量。询问工作人员危险废物管理情况。

(2)查台账。对照环评、验收,查看危险废物产生单位管理台账,重点核实危险废物种类是否齐全,数量是否合理。

(3)查转移。查看产废单位与经营单位签订的处置合同,核实经营单位是否具有相应资质;查看转移联单,核实转移危险废物种类、数量与转运日期,是否与管理台账记录一致。

(4) 看贮存。现场踏勘企业的危险废物贮存场所,核实贮存场所是否符合防渗漏、防雨等要求,有无危害外环境可能;核实贮存场所内的危险废物种类、数量是否与管理台账记录一致。

(5) 查周边。现场踏勘企业厂区及周边环境,核实是否有危险废物露天堆放、未纳入管理台账等情况。

(6) "副产品"核查。对产废单位综合利用危险废物生产"副产品"的,应重点检查"副产品"在企业环境影响评价报告中是否列明、企业经营范围是否涵盖该"副产品","副产品"质量标准是否按要求进行报备,以及副产品是真正作为产品销售还是以倒贴形式销售等有关情况。请企业提供副产品有稳定、合理的市场需求等的证明材料;提供符合国家、地方制定或行业通行的所替代原料生产的产品质量标准;提供符合相关国家污染控制标准或技术规范要求,包括该副产品生产过程中排放到环境中的有害物质含量标准和该副产品中有害物质的含量标准等证明材料。

2. 危险废物经营单位监管要点

(1) 看资质。重点核实是否具有危险废物经营许可证,查看经营许可证所核准的经营类别和规模。

(2) 查记录。查看经营单位经营记录簿,查看所接受危险废物来源、种类与数量,核实是否与经营类别、规模一致。

(3) 查联单。查看危险废物联单是否与经营记录簿一致,是否与产生单位转移情况一致。

(4) 查排放。查看处置设施运行是否符合相关标准规范要求。

(5) 查转出。查看利用处置后,新产生废物种类、数量和处置去向,核实是否存在非法转移所接收危险废物和新产生废物的行为。

第 3 章　典型行业①固体废物

3.1　纺织染整业

　　纺织染整俗称印染。纺织染整业包括:纺前纤维加工、纺纱加工、机(丝、针)织物织造加工和染整精加工(漂白、染色、印花、轧光、起绒和缩水等)等生产工序。《纺织染整工业大气污染物排放标准》(DB33 / 962—2015)定义:"纺织染整(dyeing and finishing for textile)"是指对纺织材料进行以染色、印花、整理为主的处理工艺过程,包括预处理(不含洗毛、麻脱胶、煮茧和化纤等纺织用原料的生产工艺)、染色、印花和后整理。"后整理(finishing)"是指染色和印花后,通过物理的、化学的或者物理-化学加工改进织物外观与内在质量、改善织物手感、稳定形态、提高服用性能或赋予织物某种特殊功能,如拉绒、磨毛、防缩、防皱、阻燃、抗静电、防水和防紫外线等功能的加工过程。"涂层整理(coating finish)"是指:将合成树脂或其他物质涂布于织物表面上形成的紧贴织物的薄膜层的加工方法。

　　《国民经济行业分类》(GB/T 4754—2017)中纺织业(17)包含 8 个中类:棉纺织及印染精加工(171)、毛纺织及染整精加工(172)、麻

---

　　①　本章行业分类名称依据《国民经济行业分类》(GB/T 4754)。《国民经济行业分类》国家标准于 1984 年首次发布,分别于 1994 年和 2002 年进行修订,2011 年第三次修订,2017 年第四次修改。该标准(GB/T 4754—2017)由国家统计局起草,国家质量监督检验检疫总局、国家标准化管理委员会批准发布,并于 2017 年 10 月 1 日实施。本标准按照《标准化工作导则　第 1 部分:标准的结构和编写》(GB/T 1.1—2009)给出的规则进行起草,代替《国民经济行业分类》(GB/T 4754—2011),与 GB/T 4754—2011 相比,保留了 GB/T 4754—2011 主要内容,对个别大类及若干中类、小类的条目、名称和范围作了调整;本标准参考了联合国统计委员会制定的《所有经济活动的国际标准行业分类》。

纺织及染整精加工(173)、丝绢纺织及印染精加工(174)、化纤织造及印染精加工(175)、针织或钩针编织物及其制品制造(176)、家用纺织制成品制造(177)、产业用纺织制成品制造(178)。

一个具有染色、印花、定型及涂层整理等生产工序的印染企业在生产过程中产生的典型固体废物包括:燃煤导热油锅炉更换热媒产生废导热油;定型机油烟废气治理过程中油雾粒子分离产生废矿物油;印花制版过程中生成的含铬废水处理过程中产生含铬污泥;涂层工艺中在胶水打浆、涂覆等环节形成废胶;聚丙烯酸酯类(PA)涂层废气处理时采用活性炭吸附后产生废活性炭;二甲基甲酰胺(DMF)废气治理过程中产生 DMF 废气吸收液;含有或沾染染料、助剂的废包装材料等。另外,印染污泥是印染企业产生量较大的固体废物。

1. 废导热油(HW08)

纺织染整业使用燃煤导热油锅炉供热,其中的有机热载体——导热油在使用一定期限后要进行更换,由此产生废导热油[1],属于危险废物。废物类别 HW08(废矿物油与含矿物油废物),废物代码 900-249-08(其他生产、销售、使用过程中产生的废矿物油及含矿物油废物)。

为了提供定型机、拉幅机、涂层工艺等高温用热需要,纺织染整业通常使用燃煤导热油锅炉。其中,作为有机热载体的导热油是用于间接传热目的的有机介质。

《有机热载体安全技术条件》(GB 24747—2009)"更换与废弃部分"要求,当在用有机热载体的运动黏度、酸值、残碳或污染程度处在"停止使用指标"范围内,并且难以有效回收处理至允许使用的质量指标时,应全部或部分更换新的有机热载体[2],由此产生废导热油。

---

[1]　例如:某印染企业导热油锅炉系统内导热油约 300 吨,预计每 10 年全部更换一次,平均每年更换约 30 吨。

[2]　中华人民共和国质量监督检验检疫总局. 有机热载体安全技术条件:GB24747—2009[s]. 北京:中国标准出版社,2009.

另外,当导热油锅炉系统中有机热载体(导热油)被严重污染,或锅炉炉管发生过热超温事故后,以及系统更换有机热载体之前,需对锅炉及系统进行检查。如果已产生结焦或残油黏附严重,要采用适当的清洗方式将系统中存在的污染物和炉管内的结焦物清除,以保持系统的清洁,避免新更换有机热载体被污染。传热系统的清洗过程中将产生含废导热油和清洗介质的传热系统清洗废弃物,也属于危险废物,废物类别 HW08,废物代码 900-249-08。

2. 废矿物油(HW08)

定型机油烟废气治理过程中油雾粒子分离出来,产生废矿物油,属于危险废物。废物类别 HW08(废矿物油与含矿物油废物),废物代码 900-210-08(油/水分离设施产生的废油、油泥等)。

对织物进行烘干、定型的后整理工序由于是在受热条件下(定型机内干热空气的温度通常控制在 120℃～210℃范围内)进行。在定型过程中,织物携带的水分与溶剂、油脂和蜡质等有机化合物一起受热挥发,随废热空气一同从排气筒排出,在染色后残留于面料上的染料、助剂以及部分油剂如柔软剂、整理剂、硅油等形成的这种淡蓝色且带有异味的有机废气,称为定型机废气[1]。定型机废气治理可采用机械净化(离心分离、过滤、吸附)、喷淋洗涤、静电除尘等工艺,通常采用组合工艺治理。如图 3-1,定型机废气经过高压静电除油烟装置将定型机排放的废气中微小的油雾电离、吸附,形成较大油雾粒子,被吸附在净化器本体,通过水喷淋装置,变成液态废矿物油。

定型机废气油烟设备在处理过程中,油烟和颗粒物去除效率和油水分离效率越高,其分离出来的废矿物油产生量越大。

---

① 高华生.定型机废气的治理现状与技术方向[A].中国纺织工程学会."科德杯"第六届全国染整节能减排新技术研讨会论文集[C].中国纺织工程学会,2011:5.

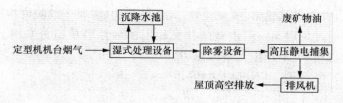

图 3-1　定型废气处理工艺流程

3. 含铬污泥(HW21/HW17)

圆网印花【注:印花是用浆料使织物印上所需的花纹和图案。其中,染料印花工艺一般包括制浆、上印和水洗,印花浆调制好后,通过印花网版印到织物上。印花网版制版可为外加工,也可自行制版。自行制版时,如果使用重铬酸盐光敏剂,会产生含铬废水和含铬污泥。】电脑制版过程中生成的含铬废水在处理过程中产生含铬污泥(图 3-2),属于危险废物。在 2008 年版《国家危险废物名录》中,印花制版含铬废水产生的含铬污泥可归在废物类别 HW21(含铬废物),废物代码 231-003-21(使用含重铬酸盐的胶体有机溶剂、黏合剂进行漩流式抗蚀涂布(抗蚀及光敏抗蚀层等)产生的废渣及废水处理污泥)。但在 2016 年版《国家危险废物名录》中,已取消废物代码 231-003-21。实践中,有危废处置单位将其归在 2016 年版《国家危险废物名录》中 HW17(表面处理废物)中的废物代码 336-064-17 进行处置。

自行制版时,印花圆网采用外购镍网自行制作,感光胶由感光体系(包括聚乙烯醇、重铬酸胺)和黏合剂体系(包括环氧树脂和固化剂)组成,其感光原理是由聚乙烯醇与重铬酸胺组成的感光体系,在紫外光的作用下,铬被还原为三价铬,而聚乙烯醇大分子链上的羟基被氧化为羰基,由于羰基上的氧原子具有孤对电子,与铬形成配位键,促使聚乙烯醇在光敏交联作用后,与铬生成具有配位键的网状结构而不溶于水。未交联的聚乙烯醇仍具有水溶性,感光后在圆网上显影成花形图案。因此,在感光后的镍网冲洗时会产生少量的含铬废水。含铬废水处理后将产生含铬污泥,含有氢氧化铬、氢氧化铁、硫酸钠等物质,属于危险废物。

通过采用不使用重铬酸盐光敏剂的环保型单组分圆网制版感光材料,可不产生含铬污泥。

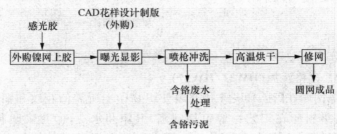

图 3-2　圆网印花电脑制版工艺流程

4. 废胶(HW12)

涂层工艺中(图 3-3),在胶水打浆、涂覆等环节,胶水黏结在容器(化胶罐)、设备(涂层机)上干化,无法再利用后,形成废胶,属于危险废物。废物类别 HW12(染料、涂料废物),废物代码900-251-12(使用油漆(不包括水性漆)、有机溶剂进行阻挡层涂敷过程中产生的废物)。当涂覆产品多样化,要求涂层生产线的设备清理和打样量增加时,将增加废胶的产生量。这是由于产品更换,会导致已配好的剩余胶成为废胶。液体状的废胶更易燃,处置难度相对而言更大。危险废物处置单位通常在火灾危险性分类中将其归为甲类物品。因此,液体状的废胶液一般都在产废单位进行烘干,回收有机溶剂后,剩余的废胶渣作为危险废物处置。

5. 废活性炭(HW49)

聚丙烯酸酯类(PA)涂层废气处理时采用活性炭对甲苯进行吸附和解析,活性炭重复使用后,会产生废活性炭,属于危险废物,废物类别 HW49(其他废物),废物代码 900-041-49(含有或沾染毒性、感染性危险废物的废弃包装物、容器、过滤吸附介质)。

甲苯回收装置利用活性炭吸附甲苯,蒸汽解析后甲苯回用。由于活性炭重复吸附、解吸后对甲苯的吸附效果会逐渐下降,为确保废气达标排放,需逐步添加新活性炭,并定期整体更换。如:某纺织印染企业单套甲苯回收装置装有活性炭 72 吨/套,共 5 套甲苯回收装置,计划每年全部更换一次活性炭,废活性炭产生量约 360 吨/年。

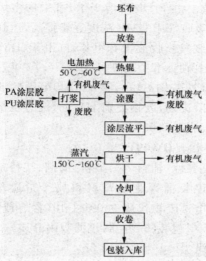

图 3-3　涂层生产工艺流程①

涂层生产工艺流程说明:(1)放卷:外购的卷装坯布经人工装载至涂层机放卷架上,以便后续的涂层走布。(2)热辊:放卷展开的坯布通过两热辊之间加压受热,使涤纶布平整干燥,防止因布坯含水分造成产品起泡报废。热辊过程通常采用电加热。(3)打浆:涂覆前需先将外购的涂层胶与稀释剂按一定比例(PA 胶 1∶1,PU 胶 1∶3)混合并用打浆机搅拌均匀。(4)涂覆:经热辊后的坯布在传动轴带动下不停走布的同时,利用涂层机的刮刀将气泵抽出的胶水涂覆在基布表面,使其具有防水、耐水压、通气透湿和阻燃防污等特殊功能。(5)流平:涂覆后水平走布 1 分钟左右,使布表面涂覆的胶水摊平均匀,保证了涂层的平整度。(6)烘干:流平布坯进入密闭烘道烘干,烘干通常利用热电厂提供的蒸汽夹套加热,烘干温度 150℃~160℃,时间 2 分钟。在烘道内有机溶剂基本全部挥发,从而使胶水中的固份可以牢牢黏附在基布上。(7)冷却、收卷、包装入库:烘干后的布温度较高,采用冷却辊间接冷却,冷却水循环使用,冷却后的布坯经打卷机收卷,并包装入库即得成品。

_____

①　吴江市久伍纺织整理有限公司年加工涂层布 600 万米项目环境影响报告表. 2016.1　http://www.doc88.com/p-8939742925726.html

6. 二甲基甲酰胺(DMF)废气吸收液(HW06)

聚氨酯类(PU)涂层胶含有聚氨脂(60%)、二甲基甲酰胺(40%,DMF)等成分。PU涂覆过程中产生的DMF废气需要进行处理达标排放。由于DMF溶于水,可采用多级吸收液吸收废气中的DMF。吸收液中DMF浓度逐步提高,达到20%～25%时需排出。DMF废气吸收液含有甲苯、二甲苯、DMF等物质,如果根据《危险废物鉴别标准　通则》(GB5085.7-2007)、《危险废物鉴别标准　浸出毒性鉴别》(GB5085.3-2007)等标准鉴别具有危险特性,则属于危险废物,废物类别HW06(废有机溶剂与含有机溶剂废物),废物代码900-000-06。

7. 废包装材料(HW49)

印染行业盛装原、辅料,如:染料、助剂、架桥剂和稀释剂等的废包装袋和废包装桶等废包装材料属于危险废物,废物类别HW49(其他废物),废物代码900-041-49(含有或沾染毒性、感染性危险废物的废气包装物、容器、过滤吸附介质)。

8. 印染污泥

我国纺织工业废水每天排放量约为0.31亿吨,其中印染废水约占80%。由于印染废水水质随原材料、生产品种、生产工艺和管理水平的不同而有所差异,导致各个印染工序排放后汇总的废水组分非常复杂。随着染料工业的飞速发展和后整理技术的进步,新型助剂、染料、整理剂等在印染行业中被大量使用,难降解有机成分的含量也越来越多[①]。

印染废水处理广泛应用活性污泥法,会产生大量剩余污泥。随着《纺织染整工业水污染物排放标准》(GB 4287-2012)的实施要求,印染企业进管污水的COD浓度降低到200mg/L。标准提

---

① 环保压力增大,生产成本上涨 印染行业应该如何应对? [N].中国环境报,2016-12-01(010).

高后,污水处理之后的污泥产生量也随之增加①。

部分印染厂为节省成本,在处理时都会选择利用附近酸洗厂的废酸中和呈碱性的印染废水。这些含重金属的废酸易导致印染污泥中铬、铅等重金属含量很高②,因此,印染污泥应作为严控废物加强管理,建立台账。如果经鉴定,具有危险特性,要按危险废物进行管理。

3.2 设备制造业

设备制造业包括通用设备制造业(34)③、专用设备制造业(35)等,金属切削加工④、涂装、表面处理和热处理等是设备制造过程中的常用工艺。设备制造过程中产生的危险废物包括:金属切屑加工过程中产生的废切削液、沾染磨削液的铁泥、废清洗剂及废矿物油等;表面处理过程中产生槽渣、电镀污泥;涂装过程中产生漆渣、含漆废水、油漆空桶和涂装废气吸附治理过程中产生的废活性炭、废过滤棉;淬火等热处理过程中产生废淬火油、含油钢渣。设备制造业普遍产生的一般工业固体废物是金属边角料。

1. 废切削液(HW09)

金属切削加工时,加入的切削液在加工设备(如:数控车床、铣床等)中循环使用一定时间后变质而需要更换,形成废切削液(图 3-4),属于危险废物。废物类别 HW09(油/水、烃/水混合物或乳化液),废物代码 900-006-09(使用切削油和切削液进行机械加工过程中产生的油/水、烃/水混合物或乳化液)。

---

① 超标!超标!大范围超标!纺织染整新标准已实施一年多,但多地尚未执行新标,普遍超标[N].中国环境报,2014-01-16(010).

② 副产品能让危险废物改变身份?[N].中国环境报,2016-05-11(003).

③ 通用设备制造业(34)的中类行业有 9 个,均属于机械工业。即:锅炉及原动设备制造(341)、金属加工机械制造(342)、物料搬运设备制造(343)、泵、阀门、压缩机及类似机械制造(344)、轴承、齿轮和传动部件制造(345)、烘炉、风机、衡器、包装等设备制造(346)、文化、办公用机械制造(347)、通用零部件制造(348)及其他通用设备制造业(349)。

④ 是以车、铣、刨、磨、钻和镗为基础的一种现代化工艺。

切削液的作用有：冷却、润滑、清洗和防锈。切削液分为水溶液、乳化液、切削油和其他四类。为了改善切削液性能和作用，常加入各种添加剂，如：油性添加剂、极压添加剂、防锈添加剂、防霉添加剂、抗泡沫添加剂和助溶添加剂等。

图 3-4　数控车床产生的废切削液和废铁丝

2. 沾染磨削液的铁泥（HW08）

在磨床研磨过程中，磨削下来的金属碎末通过纸袋过滤机过滤后形成沾染磨削液①的铁泥（图 3-5），属于危险废物。废物类别 HW08（废矿物油与含矿物油废物），废物代码 900-200-08（珩磨、研磨、打磨过程产生的废矿物油及油泥）。

3. 废清洗剂（HW06）

在机械零部件加工完成后，将零部件送入喷淋机，喷射清洗剂清洗零部件表面的油渍。清洗剂循环使用，定期更换，产生废清洗剂，属于危险废物。废物类别 HW06（废有机溶剂与含有机

---

① 磨削液是磨床用加工冷却润滑液，一般含有高度精炼矿物油、水及添加剂。

纸袋过滤机

铁泥

图 3-5 沾染磨削液的铁泥

溶剂废物），废物代码 900-404-06（工业生产中作为清洗剂或萃取剂使用后废弃的其他列入《危险化学品目录》的有机溶剂）。

如：某通用设备行业企业喷淋机的喷淋箱容积约 400 升，每 2 个月需全部更换一次清洗剂，1 年更换产生废清洗剂 2400 升。喷淋剂使用温度 70℃左右，有蒸发损耗，每 2 天需补充 1 次清洗剂。其所使用的机械零部件喷淋清洗剂（spraying machine detergent）化学品名称为异构烷烃（ISOPAR H FLUID），含有加氢处理重石脑油（石油）。

4. 废矿物油（HW08）

设备制造业在机械加工过程中使用的各类油剂，在使用一定周期后需要更换，产生废矿物油（图 3-6），属于危险废物。废物类别 HW08（废矿物油与含矿物油废物），废物代码根据具体情形不同，如使用工业齿轮油进行机械设备润滑过程中产生的废润滑油（900-217-08）。

润滑油合理的换油期是以保证对机械设备提供良好的润滑为前

提。由于机械设备的设计、结构、工况及润滑方式的不同,润滑油在使用中的变化也各有差异,须视具体的机械设备在长期运行中积累和总结的实际经验确定换油指标极限值。比如,某机械设备在润滑油外观不透明或浑浊、运动黏度(40℃)变化率$>\pm10\%$、机械杂质>0.1和色度变化(与新油比)≥3号时要考虑更换。

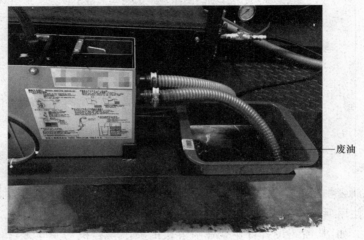

图 3-6 立式加工中心废油排出口

1)不锈钢螺丝、螺帽、牙条[①]生产过程产生的废油泥螺丝冷镦加工(图 3-7)、螺帽温镦加工、牙条滚压加工需要使用冷却润滑油,冷却润滑油循环使用,由于多次使用被氧化,生成沉淀物,同时机械加工产生废钢屑,与机油沉淀物混在一起,需要定期清理而产生废油泥,属于危险废物,废物类别 HW08(废矿物油与含矿物油废物),废物代码 900-249-08(其他生产、销售、使用过程中产生的废矿物油及含矿物油废物)。该废油泥的主要成分为矿物油和不锈钢屑等。

---

① 不锈钢螺丝、螺帽、牙条生产企业属于紧固件制造业(3482)。

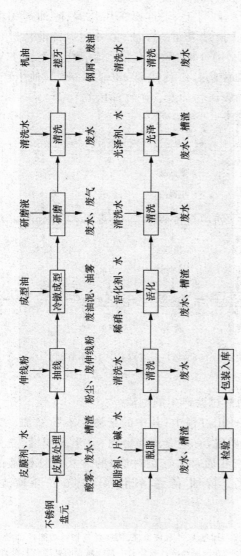

图 3-7 紧固件（螺丝等）生产工艺流程图

2）电镀①生产线工件除油产生的废油

如在滚镀锌电镀生产线上,工件要采用片碱、除油剂先进行化学除油。除油槽每天清理表面的浮油;另外在镀锌前再进行电解除油,均会产生废油(图 3-8),属于危险废物,废物类别 HW08(废矿物油与含矿物油废物),废物代码 900-249-08(其他生产、销售、使用过程中产生的废矿物油及含矿物油废物)。

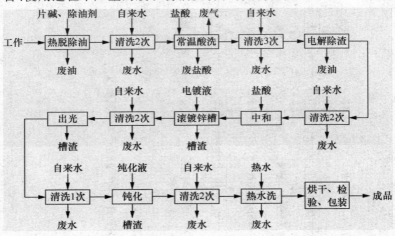

图 3-8　滚镀锌自动线工艺流程及产污环节图

5. 槽渣（HW17）

1）电镀生产线槽液过滤产生的槽渣

各种电镀溶液在使用过程中,其中的杂质会不断增加。为了保证镀液性能及镀层质量,有些镀槽如镀铬槽、半光镍槽、全光槽等采用过滤(自动生产线通常是连续过滤)的方法保证镀液的清洁,因此产生过滤槽渣。除油、除锈、钝化等工序也产生槽渣(图

① 电镀行业是提高金属及非金属外观装饰性、防腐性及特殊功能性,增加商品附加值的重要表面处理加工业,在国民经济行业分类中是金属表面处理及热处理加工(3360)。

3-8)。槽渣主要为金属化合物、络合物等,含有大量重金属,属于危险废物,废物类别 HW17(表面处理废物)。其中,使用锌和电镀化学品进行镀锌产生的槽渣的废物代码是 336-051-17。实际生产过程中,部分企业将槽渣直接排入污水处理站污泥池,导致电镀废水不易达标排放,这是不符合污染源达标排放要求的。

2) 紧固件生产工艺中产生的槽渣

紧固件的生产主要包括皮膜处理、冷镦成型、洗光(脱脂、活化和光泽等)等工艺过程(图 3-7)。在皮膜、脱脂、活化及光泽等工序中,定期清理皮膜槽、脱脂槽、活化槽以及光泽槽时,产生槽渣。属于危险废物,废物类别 HW17(表面处理废物),废物代码 336-064-17(金属和塑料表面酸(碱)洗、除油、除锈、洗涤、磷化、出光和化抛工艺产生的废腐蚀液、废洗涤液、废槽液、槽渣和废水处理污泥)。

6. 电镀污泥(HW17)

电镀过程中要使用大量强酸、强碱、重金属溶液以及镉、氰化物等有毒有害化学品。在电镀生产的清洗过程中产生大量含有金属元素的废水,去油除锈过程中产生大量酸碱废水[①]。电镀废水处理过程中产生的污泥经板框压滤机脱水后,形成电镀污泥(图 3-9)。经过板框压滤机脱水后的电镀污泥含水率在 70% ~ 80%。电镀污泥属于危险废物,废物类别 HW17(表面处理废物)。其中,使用锌和电镀化学品进行镀锌产生的废水处理污泥的废物代码是 336-051-17。

《电镀污染物排放标准》(GB21900-2008)实施后,电镀废水排放标准提高,导致电镀污泥产生量剧增。电镀污泥是电镀企业产生量最大的危险废物。由于电镀废水自身含有 Cr、Zn、Cu、Ni 等重金属离子,在处理过程中又加入 NaClO、Na_2S、$FeSO_4$、NaOH、$Ca(OH)_2$ 等各种化学制剂,因此电镀污泥的成分十分复杂。

---

① 孙春华,傅银银.江苏省电镀行业水污染物排放标准执行情况及提标可行性研究[J].污染防治技术,2015,28(05):14-15.

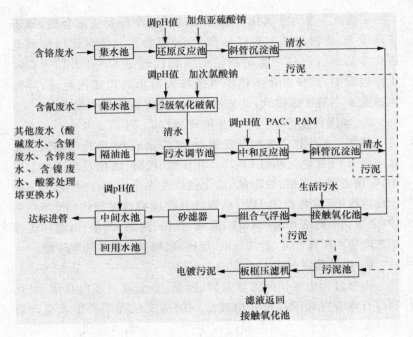

图 3-9　电镀企业生产废水处理工艺流程图

电镀废水具体产生环节有:①镀件清洗水。镀件在电镀生产过程中要经过许多工序,镀件浸出的溶液也有多种,在从一种溶液进入另一溶液之前,都要进行清洗,以除去镀件表面滞留的前一种溶液。镀件清洗废水是电镀废水的最主要来源。采用不同的电镀工艺和不同的清洗方式,废水中有害物质的种类、浓度、排放量等可能有很大的差别。②槽液更换废水。各电镀溶液在使用过程中,其中的杂质会不断增加。为了保证镀液性能及镀层质量,一部分槽液,如预浸槽、铜置换槽等,采用定期更换的方式,保持槽液清洁。另外,清洗槽和部分回收槽也需定期更换,有的电镀企业半个月更换一次。该过程产生槽液更换废水。③挂具退镀清洗废水。电镀过程中挂具由于挂脚金属部分也和产品一样镀上了金属镀层,因此为了确保挂脚尺寸和挂脚导电性能的良好,要定期对挂具进行必要的退镀处理,退镀过程也会产生一定量的挂具退镀清洗废水。

　　某电镀企业 A(具有吊镀锌、金、银、镍铬自动线和滚镀锌、金、银自动线)2014 年镀件产量约 22 000 吨,电镀污泥产生量约 441 吨;2015 年镀件产量 24 000 吨,电镀污泥产生量 802 吨。电镀企业 B(具有镀锌、磷化、镀铜镍铬和铝氧化生产线)2014 年镀件产量 50 208 吨,当年实际转移处置电镀污泥 1874 吨,2015 年实际转移处置电镀污泥 3 591 吨。综上案例,电镀污泥的产污系数约为 0.02~0.05(吨电镀污泥/吨电镀产品)。

　　为确保总铬、六价铬、总镍在车间排放口稳定达标,电镀废水宜分类收集、分质处理(图 3-10)。其中含铬废水来源于镀铬、钝化、铝阳极氧化等镀件的清洗水;含镍废水来源于镀镍,废水中主要含有硫酸镍、氯化镍、硼酸及硫酸钠等盐类,以及部分添加剂和光亮剂等;前处理废水主要来自电镀工艺的预处理阶段,主要是对镀件进行清洗和除油等处理。前处理废水主要含油、酸、碱和部分表面活性剂等物质,重金属离子较少[①]。某电镀企业暂存于危废仓库的含铜镍的电镀污泥实景见图 3-11 和图 3-12 所示。

7. 漆渣(HW12)

　　漆渣产生于喷涂车间。喷涂废气治理设施如果使用水幕捕集漆雾颗粒,会形成漆渣,漂浮在含漆废水表面上,需要定期打捞。漆渣属于危险废物,废物类别 HW12(染料、涂料废物),废物代码 900-252-12(使用油漆(不包括水性漆)、有机溶剂进行喷漆、上漆过程中产生的废物)。

---

　　① 　阳健,刘铁梅.电镀废水提标改造技术实例[J].广东化工,2013,40(11):161-162+168.

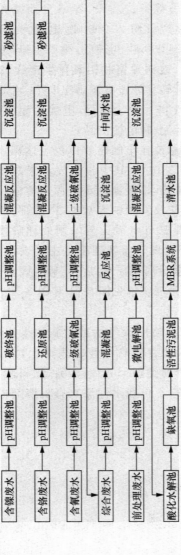

图 3-10 电镀废水分质处理工艺流程图

图 3-11　暂存于危废仓库的电镀污泥

图 3-12　含铜镍的电镀污泥

8. 含漆废水（HW12）

含漆废水产生于喷涂车间。喷涂废气治理设施如果使用水幕捕集漆雾颗粒，含漆废水经沉淀、清渣等处理后循环使用，根据实际使用状况，需要不定期更换。含漆废水属于危险废物，废物类别 HW12（染料、涂料废物），废物代码 900-252-12（使用油漆（不包括水性漆）、有机溶剂进行喷漆、上漆过程中产生的废物）。

9. 废活性炭、废过滤棉（HW49）

当采用吸附工艺对喷涂废气进行治理时，喷涂首先采用水帘吸附，再利用迷宫板结构及过滤棉捕集涂料颗粒，然后利用活性炭颗粒吸附气态有机溶剂（图 3-13）。过滤棉捕集涂料颗粒，失效过滤棉需要定期更换；吸附了涂料有机废气的活性炭达到饱和后，也需要定期更换废活性炭。废活性炭、废过滤棉属于危险废物，废物类别 HW49（其他废物），废物代码 900-041-49（含有或沾染毒性、感染性危险废物的废弃包装物、容器、过滤吸附介质）。

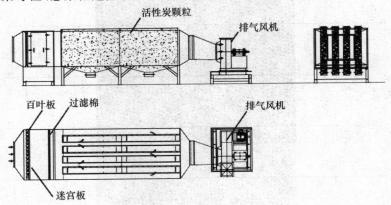

喷涂废气吸附治理流程：喷涂废气→水帘吸附→迷宫板→干式过滤器（粗效过滤棉）→活性炭过滤器（活性炭吸附）→排气风机→高空排放。

图 3-13　喷涂废气吸附治理工艺流程图

10. 废淬火油（HW08）

热处理工艺中,淬火冷却后清洗工段主要采用清洗机对金属加工件进行清洗,该清洗废水经隔油处理后会产生少量废淬火油(图 3-14)。废淬火油属于危险废物,废物类别 HW08(废矿物油与含矿物油废物),废物代码 900-203-08(使用淬火油进行表面硬化处理产生的废矿物油)。

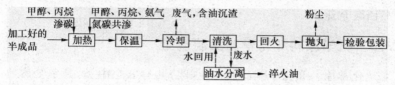

图 3-14　热处理工艺及产污环节示意图

11. 含油沉渣（HW08）

热处理工艺中,淬火冷却用循环池的淬火剂可循环使用。经一段时间后,淬火冷却循环池中会有少量沉积物——含油沉渣产生(图 3-14),该部分含油沉渣主要成分为金属氧化皮等,需定期清理。含油沉渣属于危险废物,废物类别 HW08(废矿物油与含矿物油废物),废物代码 900-249-08(其他生产、销售、使用过程中产生的废矿物油及含矿物油废物)。

12. 废油漆（油/清洗剂）空桶（HW49）

设备制造行业会产生废油漆空桶、残留齿轮油、液压油等的空油桶和清洗剂空桶等,属于危险废物,废物类别 HW49(其他废物),废物代码 900-041-49(含有或沾染毒性、感染性危险废物的废弃包装物、容器、过滤吸附介质)。

13. 废弃含油抹布、手套（HW49）

设备制造行业用抹布擦拭含油零部件或手套接触含油零部件会产生废弃含油抹布和手套,属于危险废物,废物类别 HW49(其他废物),废物代码 900-041-49(含有或沾染毒性、感染性危险废物的废弃包装物、容器、过滤吸附介质)。废弃的含油抹布、劳保用品已列入《国家危险废物名录》(2016 年版)的"危险废物豁免管理清单"。豁免环节:全部环节;豁免条件:混入生活垃圾;豁免内容:全过程不按危险废物管理。

14. 金属边角料

金属切削加工过程中产生的未沾染危险化学品的废铁丝、铁块、铁屑等金属边角料属于一般工业固体废物,通常可出售给废品回收企业。

3.3　化学原料和化学制品制造业

化学原料和化学制品制造业(26)共有 8 个中类,是危险废物产生种类和数量最多的行业。在《国家危险废物名录》(2016 年版)中共涉及 26 个废物类别,186 个废物代码(表 3-1)。

表 3-1　　　　《国家危险废物名录》(2016 年版)
涉及"化学原料和化学制品制造业"情况

序号	国民经济行业分类中类	废物类别(废物代码的数量)	废物代码总数(个)
1	基础化学原料制造(261)	HW11 精(蒸)馏残渣(66)、HW20 含铍废物(1)、HW21 含铬废物(6)、HW24 含砷废物(1)、HW25 含硒废物(1)、HW27 含锑废物(2)、HW28 含碲废物(1)、HW29 含汞废物(4)、HW30 含铊废物(1)、HW34 废酸(2)、HW35 废碱(1)、HW36 石棉废物(1)、HW37 有机磷化合物废物(3)、HW38 有机氰化物废物(7)、HW39 含酚废物(2)、HW40 含醚废物(1)、HW45 含有机卤化物废物(8)、HW46 含镍废物(1)、HW47 含钡废物(1)、HW50 废催化剂(33)	143

续表

序号	国民经济行业分类中类	废物类别(废物代码的数量)	废物代码总数(个)
2	肥料制造(262)	/	/
3	农药制造(263)	HW04 农药废物(12)、HW50(1)	13
4	涂料、油墨、颜料及类似产品制造(264)	HW12 染料、涂料废物(12)、HW34 废酸(1)	13
5	合成材料制造(265)	HW13 有机树脂类废物(4)、HW29 含汞废物(4)	8
6	专用化学产品制造(266)	HW05 木材防腐剂废物(3)、HW16 感光材料废物(2)	5
7	炸药、火工及焰火产品制造(267)	HW15 爆炸性废物(4)	4
8	日用化学产品制造(268)	/	/
	合计		186

以下分别以基础化学原料制造(261)中的合成氨等产品生产企业;农药制造(263)中的苯醚甲环唑等产品生产企业;涂料、油墨、颜料及类似产品制造(264)中的高性能喹吖啶酮颜料等产品生产企业为例,列举化学原料和化学制品制造业(26)工业固体废物产生特点。

3.3.1 基础化学原料制造(261)

以生产纯碱、氯化铵、硝酸和硝酸盐为主的某化工企业中合成氨生产为例。合成氨工艺分为煤制备、造气、脱硫、变换、脱碳、精炼和氨合成等阶段(图 3-15)。

合成氨生产过程中产生的固体废物主要有:造气炉渣、造气废水沉淀的粉煤灰、煤屑、硫黄[①]、废催化剂和蒸馏残液;另外,公用工程三废混燃炉产生炉渣、炉灰;污水站产生污水处理污泥等。

---

① 硫黄在水煤气脱硫工序产生,如果企业已将其认定为副产品,就不属于固体废物。

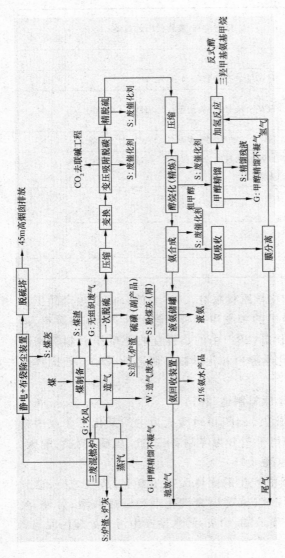

图 3-15　合成氨生产总工艺流程图

流程说明：原料煤经筛选后气化得到半水煤气，经除尘、脱硫，再与水蒸汽反应使 CO 变换成 CO_2，变换气通过变压吸附脱碳。脱除后的 CO_2 可送至联碱分厂作为制备纯碱的原料气。脱碳后的气体经精脱硫脱除微量的 CO、CO_2 和 H_2S，达到最终净化；净化后的原料气进入氨合成塔，反应后气经冷凝分离得氨，未反应的氢、氮气送至三废混燃炉燃烧，进行热量回收。其中的醇烷化是利用醇化、烷化两个化学反应将将合成气中的 CO、CO_2 体积分数减小至 10×10^{-6} 以下，达到精制的目的。

1. 煤渣、造气炉渣、造气废水沉淀的粉煤灰（屑）、煤灰

造气是用汽化剂（空气和水蒸汽）对固体燃料（无烟煤/白煤）进行热加工，生成可燃性气体的过程。煤制备过程中有煤渣产生；造气炉生产水煤气过程中，会有炉渣产生。另外，造气废水沉淀产生粉煤灰（屑）。因炉渣中有一定的含碳量，为提高能源利用效率，可将部分造气炉渣送到三废混燃炉作燃料燃烧。另外，三废混燃炉采用布袋除尘装置会产生煤灰，煤灰的主要成分有炭、氮、硫等化合物。上述固体废物均属于一般工业固体废物。

2. 三废混燃炉炉渣、炉灰

三废混燃炉除燃烧废气外，还燃烧一些粉煤及造气炉渣，燃烧后有炉渣、炉灰产生。三废混燃炉炉渣、炉灰主要成分是玻璃体，所含晶体矿物主要有钙长石、硅酸钙、赤铁矿和磁铁矿等。此外还有少量未燃炭，无危险特性，属于一般工业固体废物。

3. 盐泥

合成氨生产企业利用合成氨过程中产生的二氧化碳和氨，可进一步生产纯碱和氯化铵。由于原料盐带入循环系统的杂质、少量其他杂质以及原料盐在桶底部沉积，形成泥浆，经过压滤机过滤后形成盐泥（图 3-16）。盐泥的主要成分为原料带入的杂质及少量原料盐（氯化钠），含有较多钙镁离子，不含重金属，不具有腐蚀性、毒性、易燃性等危险特性，属于一般工业固体废物。如果生产过程中以高纯度精盐代替粗盐做原料可减少杂质的加入，有利于盐泥的减少。

4. 废催化剂（HW50）

合成氨过程中的变换、合成工序产生一定量的废催化剂（图 3-15），含钼、钴等成分，属于危险废物，废物类别 HW50（废催化剂），废物代码 261-167-50（合成气合成、甲烷氧化和液化石油气氧化生产甲醇过程中产生的废催化剂）。某企业变换及合成工序使用的催化剂 4～6 年更换一次，每次更换下的催化剂量约 100 吨。另外，在加氢产品生产的澄清环节等工序也有废催化剂产生。

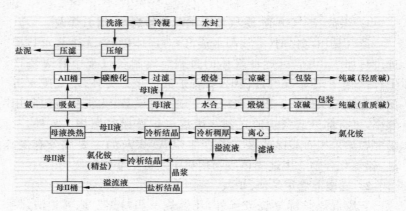

图 3-16　纯碱和氯化铵生产工艺流程和盐泥产生环节图

5. 精馏残液(HW11)

甲醇精馏过程中产生一定量的精馏残液(图 3-17),属于危险废物,废物类别 HW11(精(蒸)馏残渣),废物图 3-15、代码 900-013-11(其他精炼、蒸馏和热解处理过程中产生的焦油状残余物)。

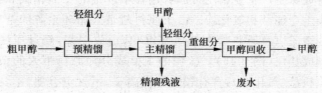

图 3-17　甲醇精馏工段生产工艺流程和精馏残液产生环节图

6. 污水处理污泥(HW49)

在以生产纯碱、氯化铵、硝酸和硝酸盐为主的化工企业的污水站要对全厂废水进行处理,废水来源多,相应污水处理产生的污泥不排除具有危险特性,可能对环境或者人体健康造成有害影响,在未得到经认可的明确鉴定结论前需要按照危险废物进行管理。《国家危险废物名录》(2016 年版)提到"经鉴别具有危险特性的,属于危险废物,应当根据其主要有害成分和危险特性确定所属废物类别,并按代码'900-000-××'(××为危险废物类别代码)进行归类管理"。因此,在获得明确的鉴定结论前,可以900-000-49作为废物代码进行日常管理。

3.3.2 农药制造(263)

以某农药企业的苯醚甲环唑等产品生产过程为例,其产生的主要危险废物包括:生产废水除盐预处理产生的盐渣;蒸馏残渣(液);洗涤过滤产生的滤渣;甲苯回收采用活性炭脱色产生的废活性炭;污水处理污泥;生产车间设备更换产生的废机油;危险化学品原料包装以及车间操作产生的废弃物、废抹布和劳保用品等。

1. 盐渣(HW04)

企业生产过程中产生废水盐分含量较高,直接进入污水处理站将对生化处理中微生物造成一定的冲击,影响整个系统的处理效果。因此,采用多效蒸发装置,通过蒸发浓缩析盐去除大部分盐分,确保后续废水处理站的正常运行。蒸发析出的盐渣主要为氯化钠、氯化钾以及杂质。盐渣属于危险废物,废物类别 HW04(农药废物),废物代码 263-008-04(其他农药生产过程中产生的蒸馏及反应残余物)。

2. 蒸馏残渣(液)、滤渣、分层废液(HW04)

苯醚甲环唑、炔草酸、磺草酮等生产过程中蒸馏工序产生蒸馏残渣(液),洗涤压滤产生滤渣。比如,在苯醚甲环唑生产的环化工序,环化脱水分层后产生分层废液;结晶甩滤工序和中和精制(脱溶溶解结晶甩滤)工序中母液蒸馏后均产生蒸馏残液(图3-18)。蒸馏残渣(液)、滤渣都属于危险废物,废物类别 HW04(农药废物),废物代码 263-008-04(其他农药生产过程中产生的蒸馏及反应残余物)。

3. 废活性炭(HW04)

在苯醚甲环唑生产的缩合工序和中和精制(脱溶溶解结晶甩滤)工序,在回收甲苯时添加活性炭进行脱色,以确保甲苯回收套用时产品的质量,该过程会产生废活性炭(图 3-18)。废活性炭属于危险废物,废物类别 HW04(农药废物),废物代码 263-010-04(农药生产过程中产生的废滤料和吸附剂)。

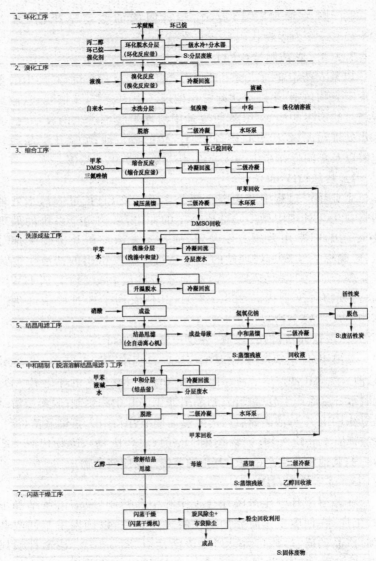

图 3-18　苯醚甲环唑生产工艺流程和危险废物产生环节图

3.3.3　涂料、油墨、颜料及类似产品制造(264)

以高档永固类颜料和高性能喹吖啶酮颜料生产企业为例,其在生产过程中产生的危险废物主要有:成品半成品压滤过程中产生的过滤残渣(HW12),喹吖啶酮类颜料生产过程中产生的二磺酸偶氮苯钠盐等压滤废弃物(HW12)和废磷酸(HW34),另外还包括:化验室、小试和中试产生的检测废弃物(HW49);污水处理污泥(HW12);危险物料包装袋(HW49);废磷酸进行吸附预处理过程中产生的废活性炭(HW12)等。

1. 过滤残渣(HW12)

在永固类颜料生产过程中,由于原料带有杂质,在成品、半成品压滤过程中产生过滤残渣(图 3-19),属于危险废物。废物代码HW12(染料、涂料废物),废物类别 264-011-12(其他油墨、染料、颜料、油漆(不包括水性漆)生产过程中产生的废母液、残渣、中间体废物)。主要成分是:颜料、吸附剂。

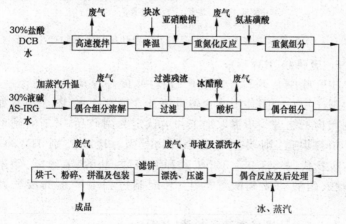

图 3-19　永固黄类产品生产工艺流程和过滤残渣产生环节图

2. 二磺酸偶氮苯钠盐压滤废弃物(HW12)

高性能喹吖啶酮紫颜料中间体的生产过程中,通过压滤将反应中间体滤液析出,同时产生压滤废弃物滤饼(图 3-20),主要成分是二磺酸偶氮苯钠盐、间硝基苯磺酸钠、甲醇和醋酸等。二磺酸偶氮苯钠盐压滤废弃物属于危险废物,废物类别 HW12(染料、涂料废物),废物代码 264-011-12(其他油墨、染料、颜料、油漆(不包括水性漆)生产过程中产生的废母液、残渣、中间体废物)。

如果喹吖啶酮生产过程中,部分使用双氧水作为氧化剂协同少量催化剂用于氧化反应,取代有机氧化剂—间硝基苯磺酸钠,将减少二磺酸偶氮苯钠盐压滤废弃物的产生量。

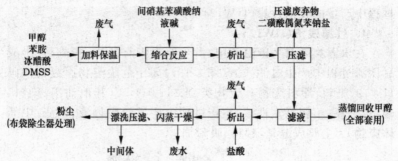

图 3-20　喹吖啶酮紫中间体生产工艺流程和压滤废弃物产生环节图

3. 废磷酸(HW34)

喹吖啶酮紫颜料产品生产过程中,闭环反应和压滤漂洗后,产生副产物——闭环压滤含磷母液及含磷漂洗水(图 3-21),如果该副产物不能进一步提取加工并被认定为副产品,并有合适的副产品销售渠道,则要作为危险废物处置。废物类别 HW34(废酸),废物代码 261-057-34(硫酸和亚硫酸、盐酸、氢氟酸、磷酸和亚磷酸、硝酸和亚硝酸等的生产、配制过程中产生的废酸及酸渣)。

3.3.4　日用化学产品制造(268)

以生产甲基香兰素、乙基香兰素、邻氨基苯甲醚、愈创木酚和苯甲醚等系列产品的香料、香精制造(2684)企业为例,其产生的危险废物包括:精馏残渣(HW11)、水解焦油(HW39)、废催化剂(HW46)、废吸附剂(HW49),废树脂(HW13),焚烧炉炉灰、炉渣

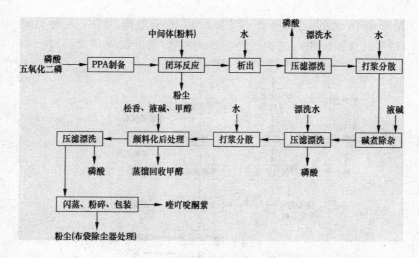

图 3-21　喹吖啶酮紫生产工艺流程和磷酸产生环节图

和破损布袋(HW18)，废水处理污泥，废导热油和废机油，有机废气治理装置定期更换的废活性炭，含油手套和抹布、含有或直接沾染危险废物的废弃包装物，实验室废物等。一般工业固体废物主要包括：定期更换的反渗透膜、给水处理系统的污泥、煤渣及不含有或不直接沾染危险废物的废弃包装物。

1. 精馏残渣(HW11)

在甲基香兰素、乙基香兰素产品生产的精馏过程中，产生精馏残渣，废物类别 HW11(精(蒸)馏残渣)，废物代码 900-013-11(其他精炼、蒸馏和热解处理过程中产生的焦油状残余物)。

2. 水解焦油(HW39)

愈创木酚产品的水解反应过程中产生水解焦油。水解焦油属于危险废物，废物类别 HW39(含酚废物)，废物代码 261-071-39(酚及酚类化合物生产过程中产生的废过滤吸附介质、废催化剂、精馏残余物)。

3. 加氢反应含镍废催化剂(HW46)

加氢反应废催化剂产生于邻氨基苯甲醚产品生产的加氢过

程中催化剂的定期更换（图 3-22），属于危险废物，废物类别 HW46（含镍废物），废物代码 900-037-46（废弃的镍催化剂）。

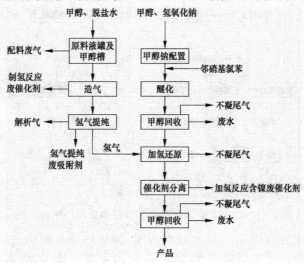

图 3-22　邻氨基苯甲醚生产工艺流程和废催化剂、废吸附剂产生环节图

5. 制氢反应废催化剂（HW50）

制氢反应废催化剂产生于邻氨基苯甲醚产品生产的制氢过程中催化剂的定期更换（图 3-22），属于危险废物，废物类别 HW50（废催化剂），废物代码 261-152-50（有机溶剂生产过程中产生的废催化剂）。该废催化剂成分主要为铜系氧化物。

6. 氢气提纯废吸附剂（HW49）

氢气提纯废吸附剂产生于邻氨基苯甲醚产品生产的氢气提纯过程中失效吸附剂的定期更换（图 3-22）。属于危险废物，废物类别 HW49（其他废物），废物代码 900-041-49（含有或沾染毒性、感染性危险废物的过滤吸附介质）。废吸附剂主要成分有：分子筛、活性炭和氧化铝。

7. 废树脂（HW13）

定期更换的废大孔树脂产生于愈创木酚、苯甲醚产品生产废水预处理工艺。原水经大孔树脂吸附并再生回用一定年限后,需定期更换(图 3-23)。废大孔树脂属于危险废物,废物类别 HW13(有机树脂类废物),废物代码 900-015-13(废弃的离子交换树脂)。

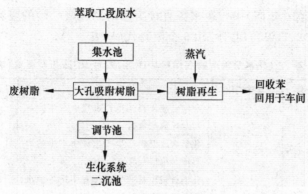

图 3-23 萃取工段原水树脂吸附预处理工艺流程图

8. 危废焚烧炉炉灰、炉渣和破损布袋(HW18)

对香料生产企业,香兰素蒸馏废焦油、香兰素中和废焦油、愈创木酚水解废焦油及三废处理压滤滤渣等危险废物产生量较大,企业往往自建危险废物焚烧炉。回转窑焚烧炉焚烧的除尘过程中产生的炉灰、炉渣和破损布袋属于危险废物,废物类别 HW18(焚烧处置残渣),废物代码 772-003-18(危险废物焚烧、热解等处置过程产生的底渣、飞灰等)。

3.4　医药制造业

医药制造业(27)包括 8 个中类①。其中化学药品原料药制造(2710)行业产生的危险废物种类和数量最多。在《国家危险废物名录》(2016 年版)中行业来源直接为医药制造业(27)的废物类别是 HW02、HW50,共涉及 26 个废物代码(表 3-2)。

表 3-2　《国家危险废物名录》(2016 年版)涉及"医药制造业"情况

行业来源	废物代码	危险废物	危险特性
化学药品原料药制造	271-001-02	化学合成原料药生产过程中产生的蒸馏及反应残余物	T
	271-002-02	化学合成原料药生产过程中产生的废母液及反应基废物	T
	271-003-02	化学合成原料药生产过程中产生的废脱色过滤介质	T
	271-004-02	化学合成原料药生产过程中产生的废吸附剂	T
	271-005-02	化学合成原料药生产过程中的废弃产品及中间体	T
	271-006-50	化学合成原料药生产过程中产生的废催化剂	T

---

①　化学药品原料药制造(2710)是指供进一步加工化学药品制剂所需的原料药生产活动。化学药品制剂制造(2720)是指直接用于人体疾病防治、诊断的化学药品制剂的制造。中药饮片加工(2730)是指对采集的天然或人工种植、养殖的动物和植物的药材部位进行加工、炮制,使其符合中药处方调剂或中成药生产使用的活动。中成药生产(2740)是指直接用于人体疾病防治的传统药的加工生产活动。兽用药品制造(2750)是指用于动物疾病防治医药的制造。生物药品制品制造(2760)是指利用生物技术生产生物化学药品、基因工程药物和疫苗的制剂生产活动。卫生材料及医药用品制造(2770)是指卫生材料、外科敷料以及其他内、外科用医药制品的制造。药用辅料及包装材料(2780)指药品用辅料和包装材料等制造。引自:中华人民共和国国家统计局.国民经济行业分类:GB/T4754-2017[S/OL].(2017-09-20)[2018-05-01].http://www.stats.gov.cn/tjsj/tjbz/hyflbz/201710/t20171012_1541679.html.

续表

行业来源	废物代码	危险废物	危险特性
化学药品制剂制造	272-001-02	化学药品制剂生产过程中的原料药提纯精制、再加工产生的蒸馏及反应残余物	T
	272-002-02	化学药品制剂生产过程中的原料药提纯精制、再加工产生的废母液及反应基废物	T
	272-003-02	化学药品制剂生产过程中产生的废脱色过滤介质	T
	272-004-02	化学药品制剂生产过程中产生的废吸附剂	T
	272-005-02	化学药品制剂生产过程中产生的废弃产品及原料药	T
兽用药品制造	275-001-02	使用砷或有机砷化合物生产兽药过程中产生的废水处理污泥	T
	275-002-02	使用砷或有机砷化合物生产兽药过程中蒸馏工艺产生的蒸馏残余物	T
	275-003-02	使用砷或有机砷化合物生产兽药过程中产生的废脱色过滤介质及吸附剂	T
	275-004-02	其他兽药生产过程中产生的蒸馏及反应残余物	T
	275-005-02	其他兽药生产过程中产生的废脱色过滤介质及吸附剂	T
	275-006-02	兽药生产过程中产生的废母液、反应基和培养基废物	T
	275-007-02	兽药生产过程中产生的废吸附剂	T
	275-008-02	兽药生产过程中产生的废弃产品及原料药	T
	275-009-50	兽药生产过程中产生的废催化剂	T

续表

行业来源	废物代码	危险废物	危险特性
生物药品制造	276-001-02	利用生物技术生产生物化学药品、基因工程药物过程中产生的蒸馏及反应残余物	T
	276-002-02	利用生物技术生产生物化学药品、基因工程药物过程中产生的废母液、反应基和培养基废物(不包括利用生物技术合成氨基酸、维生素过程中产生的培养基废物)	T
	276-003-02	利用生物技术生产生物化学药品、基因工程药物过程中产生的废脱色过滤介质(不包括利用生物技术合成氨基酸、维生素过程中产生的废脱色过滤介质)	T
	276-004-02	利用生物技术生产生物化学药品、基因工程药物过程中产生的废吸附剂	T
	276-005-02	利用生物技术生产生物化学药品、基因工程药物过程中产生的废弃产品、原料药和中间体	T
	276-006-50	生物药品生产过程中产生的废催化剂	T

　　以下以生产甲基多巴、阿替洛尔等产品的化学药品原料药制造企业为例,列举医药制造业产生危险废物的特点。

　　1. 蒸馏残液(HW02)

　　蒸馏残液是化学合成原料药生产过程中产生的蒸馏及反应残余物,属于危险废物。废物类别 HW02(医药废物),废物代码 271-001-02(化学合成原料药生产过程中产生的蒸馏及反应残余物)。

　　2. 过滤残渣(HW02)

　　过滤残渣是化学合成原料药生产过程中过滤工艺产生的过

滤残余物,属于危险废物。废物类别 HW02(医药废物),废物代码 271-001-02(化学合成原料药生产过程中产生的蒸馏及反应残余物)。

3. 脱色废活性炭(HW02)

脱色废活性炭是化学合成原料药的中间产品精制脱色过程中产生的废脱色过滤介质,属于危险废物。废物类别 HW02(医药废物),废物代码 271-003-02(化学合成原料药生产过程中产生的废脱色过滤介质)。

［案例］

以甲基多巴产品生产为例,甲基多巴生产工艺流程包括:合成工段、拆分成盐工段和水解精制工段。

在拆分成盐工段中,将有机层转移到已经配制好酸水的反应釜中,搅拌成盐后蒸馏分出有机层,回收二氯甲烷,水层转移到结晶釜中。蒸馏过程中产生成盐蒸馏残液,主要成分有二氯甲烷、高沸杂质,属于危险废物,废物代码 271-001-02。如图 3-24 所示。

水解精制工段是在水解反应釜中加入盐酸和 C6,然后升温和保温反应,反应结束后蒸馏去除部分多余盐酸。然后降温并在脱色釜中加入液碱调节 pH 值至要求,再加入焦硫酸钠、活性炭、EDTA进行脱色。这个过程中产生废活性炭属于危险废物,废物代码是 271-003-02。脱色结晶后转移至结晶釜,用液碱调节 pH 值至结晶点加入连二亚硫酸钠,结晶结束后降温,离心,水洗,干燥得到成品。在加入丙酮、水洗涤、离心后,进行蒸馏回收丙酮,会产生丙酮回收残液,主要成分是丙酮,废物代码是 271-001-02。某企业甲基多巴产品产量为 30 吨/年时,成盐蒸馏残液产生量约 5 吨/年,废活性炭产生量约 4 吨/年,丙酮回收残液产生量约 9 吨/年。

［案例］

以阿替洛尔产品生产为例,阿替洛尔产品生产工艺流程包括:缩合工段、开环工段、成盐工段和游离精制工段。其中,在缩合工段蒸馏过程中产生缩合蒸馏残液,废物代码 271-001-02。在

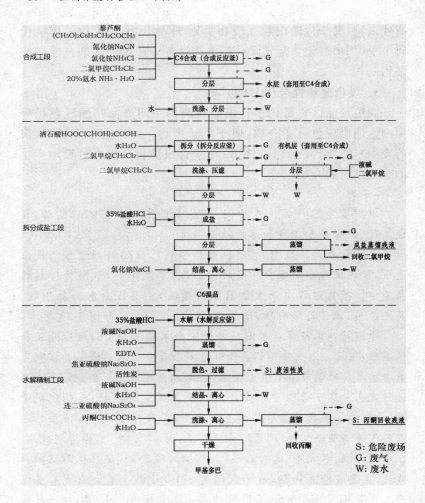

图 3-24 甲基多巴生产工艺流程和危险废物产生环节图

开环工段,过滤时产生调碱过滤残渣,废物代码是 271-001-02。在游离精制工段,蒸馏回收丙酮,会产生丙酮回收残液,废物代码是 271-001-02。其中过滤前的步骤是:将异丙胺投入开环反应釜,再将中间体加入开环反应釜,保温反应完全后常压蒸去异丙胺,在蒸馏后的残留物中加水,再减压蒸馏去除残留的异丙胺,蒸馏结束加水,用醋酸调节 pH 值至酸性;然后用碳酸钠溶液调节 pH 值至 9.8,降温过滤其中的盐,得到阿替洛尔水溶液。

4. 污水处理污泥(HW02)

化学药品原料药制造(2710)和化学药品制剂制造(2720)企业的生产废水处理过程产生的污泥在《国家危险废物名录》中未明确列出适合的废物代码。如果经鉴别具有危险特性的,属于危险废物,可按代码 900-000-02 进行归类管理。

5. 废弃产品和中间体/原料药(HW02)

化学合成原料药生产过程中的废弃产品及中间体属于危险废物,废物类别 HW02(医药废物),废物代码 271-005-02(化学合成原料药生产过程中的废弃产品及中间体)。

生产片剂和胶囊等的化学药品制剂制造(2720)企业在生产过程产生的报废药品和原料药属于危险废物,废物类别 HW02(医药废物),废物代码是 272-005-02(化学药品制剂生产过程中产生的废弃产品及原料药)。

6. 质量控制室/实验室废液、废培养基(HW49)

化学药品原料药制造(2710)或化学药品制剂制造(2720)企业的实验室或质量控制室在实验过程中产生的废液属于危险废物,废物类别 HW49(其他废物),废物代码 900-047-49(研究、开发和教学活动中,化学和生物实验室产生的废物)。

7. 质量控制室/实验室废试剂瓶(HW49)

化学药品原料药制造(2710)或化学药品制剂制造(2720)企业的实验室或质量控制室在实验过程中产生的废弃空试剂瓶是含有或沾染毒性危险废物的废弃容器,属于危险废物,废物类别 HW49(其他废物),废物代码 900-041-49(含有或沾染毒性、感染性危险废物的废弃包装物、容器、过滤吸附介质)。某些化学药品制剂制造企业的废试剂瓶由于产生数量少,往往不易找到处置单位,需要申请延期贮存。

3.5 化学纤维制造业

化学纤维制造业（28）包括纤维素纤维原料及纤维制造（281）①、合成纤维制造（282）和生物基材料制造（283）3 个中类，共 11 个小类。其中，合成纤维制造（282）指以石油、天然气、煤等为主要原料，用有机合成的方法制成单体，聚合后经纺丝加工生产纤维的活动②。

以下以氨纶产品生产过程为例，列举化学纤维制造业的固体废物种类特点。氨纶采用连续式聚合干法纺丝工艺过程中产生的危险废物有：废聚合物、精制蒸馏残渣、DMAc 残液、过滤含渣残液、废导热油、实验室废试剂瓶和原料空桶等。一般工业固体废物有：煤渣、煤灰、废丝。污水处理污泥如果经鉴别具有危险特性，属于危险废物，需要按照危险废物管理。某些企业的氨纶生产过程中，聚合后原液要经过一个过滤器，过滤器可以去除聚合中产生的凝胶粒子及混入的杂质，过滤器使用一段时间后，网目堵塞，需定期更换滤芯。滤网等组件清洗过程中产生过滤含渣残液，主要含有高聚物和 DMAc，属于危险废物。

1. 废聚合物/废有机溶剂（HW06）

氨纶的连续式聚合干法纺丝工艺过程分为聚合、纺丝、卷曲、

---

① 纤维素纤维原料及纤维制造（281）包括 2 个小类：化纤浆粕制造（2811）指纺织生产用粘胶纤维的基本原料生产活动。人造纤维（纤维素纤维）制造（2812）指用化纤浆粕经化学加工生产纤维的活动。

② 合成纤维制造（282）包括 7 个小类：锦纶纤维制造（2821）也称聚酰胺纤维，指由尼龙 66 盐和聚己内酰胺为主要原料生产合成纤维的活动。涤纶纤维制造（2822）是聚酯纤维的一种，指以聚对苯二甲酸乙二醇酯（简称聚酯）为原料生产合成纤维的活动。腈纶纤维制造（2823）也称聚丙烯腈纤维，指以丙烯腈为主要原料（含丙烯腈 85% 以上）生产合成纤维的活动。维纶纤维制造（2824）也称聚乙烯醇纤维，指以聚乙烯醇为主要原料生产合成纤维的活动。丙纶纤维制造（2825）也称聚丙烯纤维，指以聚丙烯为主要原料生产合成纤维的活动。氨纶纤维制造（2826）也称聚氨酯纤维，指以聚氨基甲酸酯为主要原料生产合成纤维的活动。其他合成纤维制造（2829）。

溶剂凝缩及精制回收 5 个工序(图 3-25)。在两次聚合反应过程中,需要在车间取样口取样化验分析中间产物,对反应中间体进行质量检测,从取样口排出的反应中间体化验分析后废弃,产生废聚合物,属于危险废物,废物类别 HW06(废有机溶剂与含有机溶剂废物)。其主要成分有:4,4-二苯基甲烷二异氰酸酯(MDI)、聚四亚甲基醚二醇(PTMG)及大分子聚合物、二甲基乙酰胺(DMAc)等。某氨纶企业氨纶丝产品产量 22000 吨/年左右,检测中间体带来的废聚合物产生量 500~800 吨/年。

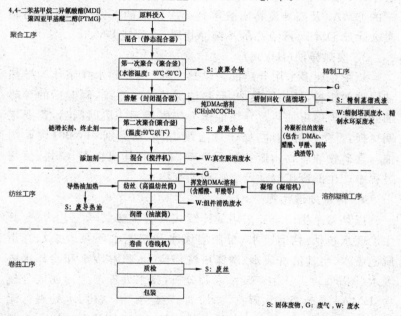

图 3-25 氨纶丝生产工艺流程和固体废物产生环节图

2. 精制蒸馏残渣(HW11)

二甲基乙酸胺(DMAc,化学式 $(CH_3)_2NCOCH_3$)作为生产氨纶丝的原料的溶剂使用,在生产中用量较大,且存在于生产的大部分工序中。DMAc 可通过溶剂凝缩、精制工序回收循环利用。在 DMAc 精制蒸馏回收过程中，产生精制蒸馏残渣，属于危险废物，废物类别 HW11［精（蒸）馏残渣］，废物代码 900-013-11（其他精炼、蒸馏和热解处理过程中产生的焦油状残余物）。

在凝缩工序中，冷凝析出的废液包含：DMAc、醋酸、甲酸和固体残渣等，需要进一步经过精制工序回收纯 DMAc（图 3-25）。

精制回收工序是利用物质间的沸点差异实现分离的单元操作。第 1 次精制是用高温空气把低于 DMAc 沸点（165℃，1atm）的水分、未反应的溶剂及低沸点物质从蒸馏塔的上部去除掉，剩下的 DMAc 及高沸点物质被送到 2 次精制的工段。第二次精制是去除比 DMAc 沸点高的不纯净物质，得到纯 DMAc。

3. 废热导油（HW08）

氨纶企业多采用导热油炉供热。同时，外购水煤浆作为导热油锅炉的燃料，加热导热油，导热油加热纺丝系统，降温后的导热油回到锅炉中再加热。导热油作为热媒使用一段时间后，需要定期更换，产生废导热油，属于危险废物，废物类别 HW08（废矿物油与含矿物油废物），废物代码 900-249-08（其他生产、销售、使用过程中产生的废矿物油及含矿物油废物）。

4. 污水处理污泥

以某氨纶生产企业采用的连续式聚合干法纺丝工艺为例，其生产废水包括：精馏废水（精制塔废水和精制水环泵废水）、真空脱泡废水、组件清洗废水、洗涤塔洗涤废水、喷淋废水和冷却水塔废水（图 3-25）。从生产废水来源分析，废水处理产生污泥成分包含：DMAc 溶剂及其水解物、添加剂、聚合物等。该污水处理污泥如果经鉴别具有危险特性，属于危险废物，可按代码 900-000-49进行归类管理。

5. 废丝

卷绕、包装过程中产生的废丝是化学纤维制造业的特征固体废物（图 3-26），属于一般工业固体废物，可回收利用。

图 3-26　氨纶企业产生的废丝

3.6　印刷业①

印刷和记录媒介复制业（23）包含 3 个中类，分别是：印刷（231）、装订及印刷相关服务（232）和记录媒介复制（233）。印刷品的加工过程包括：印前服务设计、印刷和印后加工。印前服务设计是指由原稿制成数字文件或印版；印刷是指将图文信息由印版或数字文件转移到承印物表面；印后加工是指使印刷品获得所要求的形状和使用性能，如加工成册或制成包装盒等。

印刷行业产生的危险废物主要来源于印前工艺和印刷两个工段。印前工艺产生的危险废物包括感光材料废物、表面处理废物、精馏残渣和有机树脂类废物等。印刷过程中产生的危险废物包括废油墨、废硒鼓、废墨盒；用汽油或煤油清洗胶印 PS 版、印刷设备维护过程中产生的废矿物油；印刷过程中使用印版清洗剂、

---

① 曹从荣.印刷行业危险废物产生节点及特性分析［J］.中国环保产业，2009（07）：37-40.

油墨清洗剂、橡皮布清洗剂、油性上光材料及润版液后产生的废有机溶剂等。其中,感光材料废物、染料、涂料废物(废油墨、废硒鼓、废墨盒)产生量相对较大。

《国家危险废物名录》(2016年版)"行业来源"直接为"印刷"的危险废物有3个废物代码(表3-3)。

表3-3 《国家危险废物名录》(2016年版)"行业来源"为"印刷"的危险废物

序号	废物类别	废物代码	危 险 废 物(危险特性)
1	HW16(感光材料废物)	231-001-16	使用显影剂进行胶卷显影,定影剂进行胶卷定影,以及使用铁氰化钾、硫代硫酸盐进行影像减薄(漂白)产生的废显(定)影剂、胶片及废像纸(T)
2	HW16(感光材料废物)	231-002-16	使用显影剂进行印刷显影、抗蚀图形显影,以及凸版印刷产生的废显(定)影剂、胶片及废像纸(T)
3	HW29(含汞废物)	231-007-29	使用显影剂、汞化合物进行影像加厚(物理沉淀)以及使用显影剂、氨氯化汞进行影像加厚(氧化)产生的废液及残渣(T)

1. 感光材料废物(HW16)

传统印前流程激光照排是由激光照排机输出胶片、胶片冲洗、晒版构成,产生的危险废物包括废胶片、胶片冲洗过程中的废显影液和废定影液、晒版过程中的废显影液,均属于《国家危险废物名录》中HW16(感光材料废物)。

数字化印前流程直接制版(Computer to plate,简称CTP),在制版过程中无须输出胶片,仅在晒版过程中产生废显影液。

丝印工艺的印刷品由于幅面大(可达3m×4m),其胶片可以通过大型打印机输出,不再需要胶片冲洗过程。但在晒版之前需要在丝网表面涂覆感光胶,晒版后采用清水冲洗来完成显影过程,会有少量的感光胶进入液相。

数字印刷机包括墨粉类数字印刷机和喷墨印刷机。数字印刷无须制版,是由感光材料制成的印刷滚筒(无印版)经感光后形成可以吸附油墨或墨粉的图文,然后转印至纸张等承印物上。墨粉类数字印刷机在使用过程中,会产生废感光鼓,属于感光材料废物。喷墨印刷机不产生感光材料废物。

可见,在胶印、柔印、丝印及墨粉类数字印刷机印前工艺中,均会产生感光材料废物,只是,对于不同的工艺,产生的危险废物种类和特性是有差异的。

2. 表面处理废物(HW17)

以电子雕刻为主的凹印工艺的制版,是通过电子雕刻机直接对凹版滚筒进行雕刻完成。电子雕刻凹版的版辊为钢材,其表面电镀镍、铜后再用来进行雕刻。电镀过程产生电镀残渣及槽液属于危险废物,废物类别 HW17(表面处理废物)。

3. 精馏残渣(HW11)

在胶印制版、柔印制版及直接制版(CTP)过程中,均需要显影液对版基表面的感光涂层进行显影。对于不同的印刷工艺而言,制版过程所需要的显影液成分是有差异的,该显影液在组成上也有别于胶片显影过程的显影液成分。显影液经多次显影后,显影液中的有效成分不断被消耗,加上不断溶入显影液中的感光层的作用,显影液的显影能力越来越弱,显影液出现了老化现象,不能满足显影要求,应补充和更换新液。

目前柔印工艺的晒版过程产生的废显影液得到了循环利用,废有机溶剂经蒸馏、冷凝后获得再生,并产生精馏残渣,属于危险废物。废物类别 HW11(精(蒸)馏残渣),废物代码 900-013-11(其他精炼、蒸馏和热解处理过程中产生的焦油状残余物)。

4. 废印版

废印版是完成印刷过程后的废弃印版,主要包括胶印工艺的预涂感光版(PS,Presensitized Plate)版、CTP 制版工艺中的废版、柔性版印刷工艺的柔性版和丝网印刷工艺的废丝网印版。

1）胶印废版/废铝材

胶印 PS 版的版基大多数为铝材，印刷完成后，PS 版成为废版。PS 版表面涂敷的感光材料层属于危险废物。CTP 制版工艺中的废版版基为铝材，同样涉及版基上感光材料涂层的污染问题。废 PS 版、废 CTP 版由于其表面的感光层很薄，未能整体上作为危险废物进行处理，只作为废铝进行再利用，或将表面涂层清洗后涂覆新的感光层获得再利用。

2）柔印废版（HW13）

柔性版制版工艺流程为原稿→菲林→曝光→冲洗→烘干→后处理。柔性制版机集曝光、洗版、干燥和后处理四种工艺于一体。柔性版由聚酯基底、光聚合物、保护层等构成，曝光时需要进行背曝光（紫外光线从聚酯基底方向曝光约 1min，形成约 1mm 厚硬化底层）、主曝光（紫外光线从负片正面曝光约 10min，光聚合物产生光化学反应，形成图文部分）。之后，使用酒精溶剂，用尼龙刷子冲洗未感光部分，保留光聚合的浮雕。常见的版材厚度为 1.70mm 及 2.29mm。质量高的柔性版其耐印率应大于 50 万印，甚至高达 100 万印。柔印废版属于危险废物，废物类别 HW13（有机树脂类废物）。在实际工作中，少量的柔印废版往往被混入感光材料废物一并交到危险废物处置单位进行处理。

3）丝印废丝网版（HW13）

对丝网印刷来说，制版时在丝网涂布一定厚度的感光胶并干燥，在丝网上形成感光膜，然后将底片与涂布好的丝网贴合放入晒版机曝光，经自来水冲洗后显影，图文部分未固化的感光材料被冲洗掉，使丝网孔为通孔；非图文部分的感光材料固化堵住网孔。目前常用的丝网种类有尼龙（又称锦纶）和聚酯（又称涤纶）。聚酯类废丝网版属于《国家危险废物名录》中 HW13"有机树脂类废物"。聚酯类丝网版完成印刷后，可用水清洗干净后循环利用，可重复使用十次乃至上百次，由此，废聚酯类丝网版产生量很少。

5. 废油墨、废硒鼓、废墨盒(HW12)

我国传统印刷行业中广泛使用的是溶剂型油墨。印刷过程中产生的废油墨属于危险废物,废物类别 HW12(染料、涂料废物),废物代码 264-013-12(油漆、油墨生产、配制和使用过程中产生的含颜料、油墨的有机溶剂废物)。废油墨来源于印刷过程,污染途径有:当油墨放进印刷机时,油墨会经过很多不同的滚筒分散并转移到滚筒上,墨斗亦要预留一定的油墨以稳定供墨,也即印刷机自身会形成废墨;在机头测试印刷效果时形成的废印刷产品上涂敷大面积油墨,处理不当可能会形成二次污染;不同种类、颜色的油墨混合形成废油墨;油墨使用过程中因温度、湿度等条件的变化在长时间使用后会造成印刷适应性变差,形成废油墨。

数字印刷中产生的废硒鼓、废墨盒也属于危险废物,废物类别 HW12(染料、涂料废物),废物代码 264-013-12。据调查,每只废旧墨盒残留 10%～40% 的墨水;硒鼓中的墨粉是 2～4 微米的微尘。废硒鼓、废墨盒属于数字印刷中的耗材,量大面广,产生量递增速度极快。

6. 废矿物油(HW08)

在胶印 PS 版的清洗过程中,汽油和煤油因为清洗效果好、价格低廉被广泛应用,因而产生了废汽油和废煤油。随着汽油、煤油被取代,废矿物油的产生量越来越少。另外,在印刷设备维修、维护过程中,也会产生一定量的废矿物油。废汽油、废煤油、废矿物油属于危险废物,废物类别 HW08(废矿物油与含矿物油废物),废物代码 900-201-08(清洗金属零部件过程中产生的废弃煤油、柴油、汽油及其他由石油和煤炼制生产的溶剂油)或 900-249-08(其他生产、销售、使用过程中产生的废矿物油及含矿物油废物)。

7. 废有机溶剂(HW06)

印刷行业中使用的有机溶剂种类很多,如印版清洗剂、油墨清洗剂、橡皮布清洗剂、油性上光材料和润版液等,在使用过程中会产生少量的废有机溶剂,属于危险废物,废物类别 HW06(废有机溶剂与含有机溶剂废物)。

胶印是利用油水不相容的原理来完成印刷的,胶印过程中所用的水为润版液。润版液通常是由水、磷酸、无机盐、亲水胶体以及表面活性物质组成。目前胶印机上普遍采用的是酒精润版系统,异丙醇(IPA)是润版溶液的添加剂之一。另外,凹版印刷工艺中含苯、甲苯、二甲苯的废印版清洗剂、擦拭印版的废抹布等均属于危险废物,废物类别 HW06(废有机溶剂与含有机溶剂废物)。

3.7 造纸和纸质品业

造纸和纸制品业(22)共分 3 个中类:纸浆制造(221)指经机械或化学方法加工纸浆的生产活动。造纸(222)指用纸浆或其他原料(如矿渣棉、云母、石棉等)悬浮在流体中的纤维,经过造纸机或其他设备成型,或手工操作而成的纸及纸板的制造。纸制品制造(223)指用纸及纸板为原料,进一步加工制成纸制品的生产活动。

造纸和纸制品业的工业固体废物主要在纸浆制造过程中产生,尤其在废纸碎浆、除渣、制浆过程中产生大量废塑料、绞绳(主要是废纸包装绳)、重渣、渣浆等一般工业固体废物。办公废纸碎解后的浆需要经过浮选脱墨,会产生脱墨渣,属于危险废物,废物类别 HW12(染料、涂料废物),废物代码 221-001-12(废纸回收利用处理过程中产生的脱墨渣)。采用碱法制浆的企业,在碱法制浆过程中蒸煮制浆产生废碱液,属于危险废物,废物代码 HW35(废碱),废物类别 221-002-35(碱法制浆过程中蒸煮制浆产生的废碱液)。

大型造纸企业如果配套建设有热电厂,在燃煤锅炉运行过程中会产生煤渣,除尘设施产生煤灰,脱硫装置产生石膏。造纸废水好氧处理过程中初沉池、二沉池以及厌氧处理过程中产生污水处理污泥。造纸厂直接取用河道水时,要在净水站对河道水进行混凝、沉淀、过滤等预处理,会产生净水处理污泥。上述煤渣、煤灰、石膏、污水处理污泥和净水处理污泥均属于一般工业固体废物。

另外,造纸厂的机械设备运转过程中更换润滑油、液压油会产生废机油,生产过程中会产生废弃的含油抹布和手套,属于危险废物。

某个具有木浆制浆、废纸碎浆、短纤制浆和中、长纤制浆工艺的纸制品(产品种类有:高强牛皮卡箱板纸、瓦楞原纸、轻涂白面牛卡纸及渣浆纱管原纸等)生产企业年产品产量 140 万吨/年,各类固体废物产生量如下:渣浆 18 万吨/年,绞绳 2 万吨/年,废塑料 3 万吨/年,重渣 8000 吨/年,污水处理污泥 14 万吨/年,厌氧污泥 6000 吨/年,净水污泥 5000 吨/年,煤渣 4 万吨/年,煤灰 10 万吨/年,石膏 2 万吨/年,脱墨污泥 6600 吨/年,废机油 10 吨/年。

1. 绞绳、废塑料、重渣、渣浆

以办公废纸制浆过程为例,办公废纸从原料堆场经拣选后用叉车送至碎浆车间,由链板输送机送至水力碎浆机碎解,同时去除粗长杂质(绞绳、废塑料等),碎解后的浆再用泵送入高浓、低浓除渣器,除去石砂、纤维束、铁块等粗杂质(重渣)和渣浆。在办公废纸碎浆、制浆过程中产生绞绳、废塑料、重渣和渣浆等一般工业固体废物(图 3-27)。渣浆的主要成分是纤维渣、杂质和水。渣浆在造纸企业的产生工序包括:纤维分离、三段除砂器、两段压力筛等。重渣的主要成分是铁钉、废铁、砂渣等(图 3-28)。

2. 脱墨渣(HW12)

上述碎解、除渣后的浆进一步进入前浮选设备进行脱墨,之后进行精筛、前多盘、热分散高浓漂白塔,进一步去除杂质使纤维色泽更加均匀,然后再经后浮选,确保浆料彻底脱墨,再经多盘磨、中浓浆泵送至造纸车间的上浆系统用作造纸面层或衬层。浮选脱墨过程中产生的脱墨渣属于危险废物,废物类别 HW12(染料、涂料废物),废物代码 221-001-12(废纸回收利用处理过程中产生的脱墨渣)(图 3-27)。

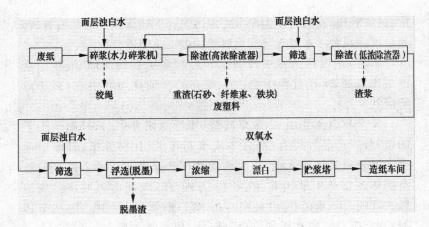

图 3-27 办公废纸脱墨制浆工艺流程图

图 3-28 造纸企业堆放的废塑料、重渣

3.8 制革及毛皮加工行业

制革及毛皮加工行业对应于《国民经济行业分类》(GB/T

4754)中的"皮革、毛皮、羽毛及其制品和制鞋业(19)"。包括 5 个中类,分别是:皮革鞣制加工(191)、皮革制品制造(192)、毛皮鞣制及制品加工(193)、羽毛(绒)加工及制品制造(194)和制鞋业(195)。其中污染程度较高,废水、废气、废渣排放较大的主要是皮革鞣制加工(1910)和毛皮鞣制加工(1931)两个小类①。

《制革及毛皮加工工业水污染物排放标准》(GB30486—2013)定义"制革企业"是以生皮或半成品革(包括蓝湿革和坯革)为原料进行制革的企业。"毛皮加工企业"是以羊皮、狐狸皮、水貂皮等生毛皮为原料生产成品毛皮或剪绒毛皮的企业。"制革"是指把从猪、牛、羊等动物体上剥下来的皮(即生皮)进行系统的化学和物理处理,制作成适合各种用途的半成品革或成品革的过程。从半成品革经过整饰加工成成品革也属于制革的范畴。"毛皮加工"是把从毛皮动物体上剥下的皮(包括毛被和皮板)通过系统的化学和物理处理,制作成带毛的加工品的过程。"原料皮"指制革企业或毛皮加工企业加工皮革或毛皮所用的最初状态的皮料,包括成品革或成品毛皮之前的所有阶段的产品,如生皮、蓝湿皮、坯革等。

《国家危险废物名录》(2016 年版)中"行业来源"为"毛皮鞣制及制品加工"的危险废物类别有 HW21(含铬废物)和 HW35(废碱)2 个废物类别,共 3 个废物代码(表 3-4)。

制革及毛皮加工过程中产生固体废物主要在准备、鞣制、整饰、污水处理和设备检修和维护等环节。传统制革工艺"灰碱法+铬鞣法"已有 100 多年历史。灰碱法是制革工艺的准备工段,主要包括浸水、脱毛、浸灰、脱磁、软化和浸酸等工序。准备工段的作用是除去生皮中对制革无用之物,松散胶原纤维。准备工段

---

①　皮革鞣制加工(1910)是指动物生皮经脱毛、鞣制等物理和化学方法加工,再经涂饰和整理,制成具有不易腐烂、柔韧、透气等性能的皮革生产活动。毛皮鞣制加工(1931)指带毛动物生皮经鞣制等化学和物理方法处理后,保持其绒毛形态及特点的毛皮(又称裘皮)的生产活动。

的灰碱法采用酸、碱、盐等材料对生皮进行处理,所用的石灰、硫化钠、氯化钠等材料及其处理所产生的大量蛋白水解物、悬浮物和固体残渣构成了制革工艺的主要污染源,也是整个制革过程污染最严重的工段。

表 3-4   《国家危险废物名录》(2016 年版)
"行业来源"为"毛皮鞣制及制品加工"的危险废物

序号	废物类别	废物代码	危险废物	危险特性
1	HW21 含铬废物	193-001-21	使用铬鞣剂进行铬鞣、复鞣工艺产生的废水处理污泥	T
2	HW21 含铬废物	193-002-21	皮革切削工艺产生的含铬皮革废碎料	T
3	HW35 废碱	193-003-35	使用氢氧化钙、硫化钠进行浸灰产生的废碱液	C

注:含铬皮革废碎料(193-002-21)列入《国家危险废物名录》(2016 年版)"危险废物豁免管理清单",豁免环节:利用;豁免条件:用于生产皮件、再生革或静电植绒;豁免内容:利用过程不按危险废物管理。

制革及毛皮加工业产生的危险废物主要包括:含铬皮革边角料和皮革粉饼;废浆料;含铬污泥;含铬废水过滤工序产生的废滤布;废铬盐、废染料包装物;设备检修和维护产生的废矿物油等。产生的一般工业固体废物主要包括:皮革、布料裁剪产生的边角料;生皮边角废料(在去肉工艺中刮油后产生的油膜、生皮修皮后的边角料、废肉渣、毛皮和皮块);综合污水处理污泥;锅炉灰渣等[①]。

1. 含铬皮革边角料(HW21)

含铬皮革边角料包括鞣制后、染色前、消匀后的边角料和少量半成品修皮剩下的边角料。该边角料中含有六价铬化合物,属

---

①   郭春霞,刘德杰,杨方圆.河南省制革及毛皮加工行业危险废物产排特征研究[J].有色冶金节能,2016,32(06):62-67+71.

于危险废物,废物类别 HW21(含铬废物),废物代码 193-002-21
(皮革切削工艺产生的含铬皮革废碎料)。

如图 3-29 是某皮革企业水场生产车间的工艺流程。该水场
车间主要对蓝皮^①进行深加工,主要工序包括削匀、复鞣、染色等。
削匀工序产生含铬皮革边角料。

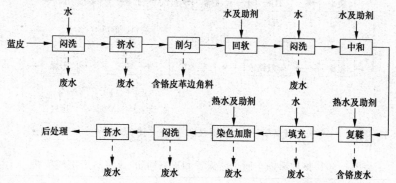

图 3-29 水场生产车间工艺流程和含铬皮革边角料、含铬污水产生环节图

2. 皮屑粉饼(HW21)

皮屑粉饼主要产生于整理涂饰车间的磨革工艺(图 3-30)。
磨革是对坯革表面进行砂磨,使其平整,光滑。磨革机配有专用
除尘设备,除尘原理为磨革机产生的粉尘经密闭管道输送至布袋
收尘器,经布袋收尘下来的粉尘进入密封料斗,料斗下方配有一
台压制机,把粉尘压制成粉饼。皮屑粉饼中含有六价铬化合物,
属于危险废物,废物类别 HW21(含铬废物),废物代码 193-002-

———————

① 牲畜被屠宰后扒下来的皮一般称为毛皮。毛皮易腐,为防止其腐烂、掉毛、烂
毛孔和烂面,一般用盐腌制起来即为盐湿皮。盐湿皮一般能保存 3～5 个月。毛皮和
盐湿皮都统称为生皮。生皮用石灰、硫化碱、氯粉、硝酸和铬粉等进行去油、去脂、脱毛
和铬鞣处理后会呈蓝色,并带有水分,所以一般称为蓝湿皮或蓝皮。蓝湿皮又称熟皮,
是皮革加工过程的半制成品。

21(皮革切削工艺产生的含铬皮革废碎料)①。

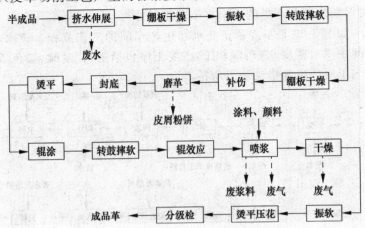

图 3-30　整理涂饰车间工艺流程和皮屑粉饼、废浆料产生环节图

3. 废浆料(HW13)

废浆料产生于整理涂饰车间的喷浆工序,主要在对喷浆设备进行清洗过程中产生,属于危险废物,废物类别 HW13(有机树脂类废物),废物代码 900-016-13(使用酸、碱或有机溶剂清洗容器设备剥离下的树脂状、黏稠杂物)。

水场车间加工好的半成品牛皮(图 3-29)运送到整理涂饰车间进行后加工,将半成品绷板干燥后进行修边补伤磨革,经振软转鼓摔软检验合格后对皮坯进行喷浆,皮坯经过喷涂、干燥等工序后进行压花以及轻涂饰,检验合格后入库(图 3-30)。喷浆是对

---

① 对于含铬皮革边角料、磨革产生的皮屑粉饼等,某些协会对其制定了联盟标准,进行了副产品认定。如:2010 年,海宁皮革协会制定了《蓝湿革副产品》联盟标准,在海宁市技术监督局备案,并在相关企业的营业执照上增加了该副产品的销售范围。由于皮屑粉饼等含有铬,具有危险特性,企业需严格管理贮存、销售、处置过程,避免产生环境危害,确保销售流向可追溯。见:杨军民、李书波.海宁皮革协会召开《蓝湿革副产品》联盟标准复审会[J].北京皮革:中,2013(12):102-102.

皮革表面进行喷涂,加以颜色并固定。

4. 含铬污泥(HW21)

　　制革行业产生含铬废水的工序有蓝皮挤水、复鞣及复鞣后脱水、复鞣后洗皮废水及洗皮后脱水等工序,复鞣废液、复鞣后脱水废液含铬浓度较高,复鞣后洗皮废水及洗皮后脱水含铬浓度相对较低。含铬废水需在车间出口单独处理达标后才能排入综合废水处理系统与其他废水一起进一步处理。含铬废水处理后产生含铬污泥,属于危险废物,废物类别 HW21(含铬废物),废物代码193-001-21(使用铬鞣剂进行铬鞣、复鞣工艺产生的废水处理污泥)。

第4章 地方工业固体废物管理实践

4.1 上海

上海市固体废物管理中心是上海市环境保护局直属单位，负责上海市危险废物经营许可证审核管理、危险废物转移联单管理、进口废物管理和对危险废物产生、处理处置的监督管理。

《上海市危险废物污染防治办法》于 1995 年 3 月 1 日起施行。根据 2002 年 11 月 18 日上海市人民政府令第 128 号第二次修正并重新发布。近 10 年（截至 2018 年 4 月），上海市已出台的固体废物管理文件见表 4-1。上海市针对危险废物运输已出台系列规范文件（表 4-2）。

表 4-1   上海市近年已出台工业固体废物管理相关文件①

序号	发布时间	文件全称
1	2018-03-19	《上海市环保局、市物价局关于进一步规范危险废物处置和收集单位市场行为、提升服务质量的通知》（沪环保防[2018]88 号）
2	2018-01-31	《上海市环境保护局关于延长本市废弃油漆涂料桶利用处置试点工作的通知》（沪环保防[2018]42 号）
3	2018-01-24	《上海市环境保护局关于本市危险废物经营单位报送危险废物处理处置收费情况的通知》（沪环保防[2018]34 号）
4	2018-01-04	《上海市环境保护局关于印发〈上海市 2018 年危险废物规范化管理督查考核工作实施方案〉的通知》（沪环保防[2018]12 号）

---

① 文件收集自上海市环境保护局管网"固废综合管理"栏目 http://www.sepb. gov.cn/hb/fa/cms/shhj/list_login.jsp? channelId=2104

续表

序号	发布时间	文件全称
5	2018-01-04	《上海市环境保护局关于转发环境保护部〈限制进口类可用作原料的固体废物环境保护管理规定〉的通知》(沪环保防[2018]5 号)
6	2017-09-13	《上海市环保局、市发展改革委、市经济信息化委、市公安局、市商务委、市工商局关于本市联合开展电子废物、废轮胎、废塑料、废旧衣服、废家电拆解等再生利用行业清理整顿的通知》(沪环保防[2017]330 号)(含附件:1.上海市电子废物、废轮胎、废塑料、废旧衣服、废家电拆解等再生利用行业清理整顿工作方案)
7	2017-07-31	《关于开展汽修行业危险废物收集管理试点的通知》(沪环保防[2017]276 号)
8	2017-04-18	《关于落实〈国家危险废物名录(2016 年版)〉管理制度有关事项的通知》(沪环保防[2017]143 号)
9	2017-03-29	《上海市环境保护局关于同意中国(上海)自贸试验区保税区危险废物收集贮存备案的复函》(沪环保防[2017]127 号)
10	2017-01-26	《上海市环境保护局关于延续本市废弃油漆涂料桶处置试点工作的通知》(沪环保防[2017]47 号)
11	2016-12-19	《上海市环境保护局关于做好危险废物经营许可证单位新危废名录衔接工作的通知》(沪环保防[2016]444 号)
12	2016-11-09	《上海市环境保护局关于发布〈上海市产业园区危险废物收集贮存转运设施管理办法(试行)〉的通知》(沪环保防[2016]355 号)①
13	2016-09-06	《上海市环境保护局关于进一步加强本市危险废物市内转移纸质联单管理的通知》(沪环保防[2016]318 号)

---

　　①　"沪环保防[2016]355 号"于 2016 年 11 月 1 日起施行,有效期 2 年。该文件主要为了解决产业园区内小微企危险废物的收集难问题,防范环境风险。发文提到:危险废物收集贮存转运设施可以收集、临时贮存产业园区内危险废物年产生量小于 10 吨的小微企业所产生的危险废物和废荧光灯管、废铅蓄电池等社会源危险废物。

续表

序号	发布时间	文件全称
14	2016-08-15	《上海市环境保护局关于上海市固体废物跨省市转移审批工作调整的通知》(沪环保防[2016]292 号)
15	2016-07-12	《上海市环境保护局关于进一步加强本市危险废物产生企业环境管理工作的通知》(沪环保防[2016]260 号)
16	2016-06-27	《上海市环境保护局关于进一步加强本市危险废物处理处置环境管理的通知》(沪环保防[2016]231 号)①
17	2016-05-22	《关于加强废弃剧毒化学品处置环境安全管理的通知》(沪环保防[2016]210 号)
18	2016-04-15	《上海市环保局、市交通委〈关于开展本市汽车维修行业专项整治工作的通知〉》(沪环保防[2016]139 号)
19	2016-03-04	《上海市环境保护局关于同意中国(上海)自贸试验区保税区开展危险废物集中收集贮存试点工作的复函》(沪环保防[2016]81 号)
20	2015-12-31	《上海市环境保护局关于本市危险废物经营许可证单位申报处置收费情况的通知》(沪环保防[2015]549 号)
21	2015-09-29	《上海市环保局、市绿化市容局关于加强本市一般工业固体废弃物处理处置环境管理的通知》(沪环保防[2015]419 号)
22	2015-09-30	《上海市环境保护局关于我市废铅酸蓄电池回收企业名录(第 3 批)的公告》(沪环保防[2015]418 号)
23	2015-09-25	《关于本市开展实验室废物应急处置工作的通知》(沪环保防[2015]399 号)

---

　　①　沪环保防[2016]231 号要求"各经营许可证单位将企业在编正式业务人员名单整理盖章后,于 2016 年 7 月 15 日前报送市环保局,市环保局将在'上海环境'网站公示。自 2016 年 8 月 1 日起,代表经营许可证单位开展如备案、与产生单位签订处置合同等的工作人员,必须是企业法人或上述业务人员,业务人员发生变更应及时报送市环保局,并通知相关产生单位"。

续表

序号	发布时间	文件全称
24	2015-08-27	《上海市环境保护局关于开展本市危废重点产生单位环境安全检查的通知》(沪环保防[2015]367 号)
25	2015-07-29	《关于进一步规范本市危险废物管理(转移)计划备案和转移联单运行的通知》(沪环保防[2015]339 号)
26	2015-07-17	《上海市环境保护局关于本市试点开展废弃油漆涂料桶处置工作的通知》(沪环保防[2015]319 号)
27	2015-04-08	《关于进一步加强本市固体废物焚烧设施在线监测系统建设和管理的通知》(沪环保防[2015]145 号)
28	2015-03-24	《上海市环境保护局关于更新本市重点环境风险监管企业名录的通知》(沪环保防[2015]125 号)①
29	2015-03-04	《上海市环境保护局关于规范本市固体废物行政审批有关事项的通知》(沪环保防[2015]91 号)②
30	2014-08-12	《上海市环境保护局关于进一步加强本市危险废物全过程管理的通知》(沪环保防[2014]333 号)
31	2014-07-17	《上海市环境保护局关于本市启动危险废物应急处置的通知》(沪环保防[2014]293 号)
32	2014-07-02	《上海市环境保护局关于加强本市危险废物自行处理处置单位环境管理的通知》(沪环保防[2014]269 号)

①　"沪环保防[2015]125 号"根据环保部《进口可用作原料的固体废物风险监管指南》(环办[2012]147 号)文件的有关规定,更新了上海市《重点环境风险监管企业名录》(第二批)。要求相关区县环保局严格按照有关规定,加强对辖区内进口废物企业的环境监管,一旦发现《名录》内企业有进口行为,及时组织现场抽查,原则上每月抽查不得少于一次,检查情况及时报告市局。

②　包含 4 个附件:1.危险废物经营许可证核发审批流程图;2.废弃电器电子产品处理资格许可审批流程图;3.进口废五金类废物加工利用企业资格认定流程图;4.固体废物跨省市转移审批流程图。

续表

序号	发布时间	文件全称
33	2014-07-02	《关于规范本市危险废物自行处理处置行为的通知》(沪环保防[2014]268 号)
34	2014-03-24	《上海市环境保护局关于印发本市〈危险废物处理处置工程环境防护距离技术规范〉的通知》(沪环保防[2014]127号)
35	2014-02-18	《上海市环境保护局关于报送 2013 年危险废物经营许可证及经营单位有关情况的通知》(沪环保防[2014]67 号)①
36	2014-01-15	《上海市环境保护局进一步完善本市废弃电器电子产品处理基金政策的通知》(沪环保防[2014]23 号)
37	2013-09-11	《上海市环境保护局关于印发〈上海市进口废五金类废物加工利用企业资格认定办理规程〉的通知》(沪环保防[2013]368 号)
38	2013-09-11	《关于印发上海市危险废物管理(转移)计划备案规程的通知》(沪环保防[2013]367 号)
39	2013-04-16	《上海市环境保护局关于开展本市 2013 年进口固体废物专项整治的通知》(沪环保防[2013]158 号)
40	2013-01-31	《上海市环境保护局关于全面推行本市危险废物管理(转移)计划备案及转移联单属地化管理工作的通知》(沪环保防[2013]57 号)
41	2012-12-14	《上海市环保局、市绿化市容局关于印发〈关于加强本市生活垃圾焚烧飞灰环境管理的指导意见〉的通知》(沪环保防[2012]501 号)

---

① 包含 4 个附件,分别是:附件 1.2013 年危险废物(含医疗废物)经营单位经营活动情况记录报表;附件 2.危险废物经营许可证颁发情况及经营单位经营情况汇总表;附件 3.2013 年危险废物经营许可证管理工作总结(提纲);附件 4.危险废物经营许可证审批和备案信息系统填报说明。

续表

序号	发布时间	文件全称
42	2012-11-05	《上海市环境保护局关于贯彻实施〈废弃电器电子产品处理基金征收使用管理办法〉的通知》（沪环保防〔2012〕423号）①
43	2012-08-30	《上海市环境保护局关于做好本市危险废物规范化管理档案资料制作的通知》（沪环保防〔2012〕303号）
44	2012-08-15	《上海市环境保护局关于开展本市 2013 年进口废五金电器、废电线电缆和废电机定点加工利用企业核定工作的通知》（沪环保防〔2012〕287号）
45	2011-10-12	《关于做好本市进口固体废物加工利用企业环境管理工作的通知》（沪环保防〔2011〕409号）
46	2011-10-12	《关于印发〈上海市进口固体废物加工利用企业申请出具初审意见、监督管理意见的办理操作规程〉的通知》（沪环保防〔2011〕408号）
47	2009-01-09	《关于进一步加强危险废物经营许可证单位环境管理的通知》（沪环保控〔2009〕13号）
48	2008-12-01	《关于印发〈上海市危险废物管理（转移）计划备案规程（试行）〉的通知》（沪环保控〔2008〕480号）
49	2008-11-27	《关于启用新版上海市危险废物经营许可证的通知》（沪环保控〔2008〕476号）
50	2008-11-20	《关于启用新版上海市危险废物转移联单的通知》（沪环保控〔2008〕458号）
51	2008-04-15	《关于开展本市危废产生、处置单位意外事故应急预案备案制度落实情况检查的通知》（沪环保控〔2008〕121号）

---

① 包含两个附件：1.上海市废弃电器电子产品拆解处理审核工作方案（试行）；2.废弃电器电子产品处理设备设施事故停运报告格式。

续表

序号	发布时间	文件全称
52	2007-11-27	《关于开展本市危险废物焚烧单位专项检查的通知》(沪环保控[2007]371号)
53	2007-01-05	《关于开展本市工业危险废物申报登记试点工作及重点行业工业危险废物产生源专项调查的通知》(沪环保控[2007]5号)

表 4-2　　　　　　　上海市危险废物运输相关文件

序号	文件全称
1	《关于本市实施危险废物专业化运输的通知》,2013年7月22日发布
2	《危险废物道路运输污染防治若干规定(试行)》,2012年7月1日起施行,有效期至2013年12月20日
3	《市政府办公厅转发市交通委等关于进一步规范本市危险废物运输管理工作意见的通知》(沪府办[2014]62号),2014年7月1日起施行,有效期至2019年6月30日
4	《关于进一步规范本市危险废物运输管理工作的试行意见》
5	《上海市危险废物专业运输单位名录(按企业名称排序)》
6	《运输企业进入危险废物专业运输名录办理流程》
7	《危险废物专业运输名录内企业增加(变更)运输车辆办理流程》
8	《关于报请转发〈关于进一步规范本市危险废物运输管理工作的意见〉的请示》.上海市环境保护局上海市交通运输和港口管理局(沪环保防[2011]454号)
9	《上海市人民政府办公厅转发市环保局、市交通港口局关于进一步规范本市危险废物运输管理试行意见的通知》(沪府办[2011]110号)

4.2　浙江

　　浙江省固体废物污染环境防治的监督管理工作由浙江省固体废物监督管理中心承担,该中心具体指导全省城乡固体废物污染防治工作。浙江省固体废物监督管理中心是浙江省环境保护厅直属参照公务员法管理的事业单位,机构规格县处级。其具体职责包括:组织拟订本省固体废物污染防治地方性法规、规章草案和规范性文件、污染防治规划和计划、相关技术规范和技术标准、废物名录和技术经济政策文稿;贯彻执行有关固体废物污染防治的法律、法规和规章、政策。承担危险废物和有害废物经营、固体废物和危险废物转移等行政许可中的具体工作;组织实施固体废物行政代处置和申报登记、危险废物管理计划和转移联单等环境管理制度;统一监督管理固体废物产生、贮存、转运、利用和处置活动中的污染防治工作;监督管理各类固体废物、危险废物、医疗废物和生活垃圾的综合利用、处理设施运行活动中的污染防治工作;承担可用作原料的固体废物和有毒化学品进出口、新化学物质的生产和进口的环保监督管理;参与固体废物污染防治相关建设项目的环境管理。建立健全固体废物环境监测制度和环境突发事件应急预案;建设和管理全省固体废物管理信息系统;配合有关部门调查处理因固体废物引起的污染事故、环境纠纷、生态破坏事件和重大环境问题。组织开展固体废物污染防治相关国际条约省内履约活动;组织开展固体废物污染防治相关国际合作交流;开展固体废物污染防治技术交流工作。①

《浙江省固体废物污染环境防治条例》(以下简称《条例》)自2006 年 6 月 1 日起施行。该《条例》包括:总则、固体废物污染环境防治的一般规定、生活垃圾污染环境的防治、危险废物污染环境的防治、电子废物污染环境的防治、法律责任和附则,共 7 章 59条,于 2013 年、2017 年分别进行了修正和修改。

浙江省危险废物监管在危险废物核查、"存量清零"、全过程

---

① 引自:浙江省人民政府网站 首页>> 省环保厅>>组织机构>>岗位责任人 http://zfxxgk. zj. gov. cn/xxgk/jcms_files/jcms1/web37/site/art/2016/10/10/art_2445_32894. html.

管理以及部门协同推进方面(表 4-3)已出台相关规范性文件。其中,浙江省对产废情况复杂、底数不清的企业,鼓励按照《关于开展危险废物产生单位核查工作的通知》(浙环办函〔2014〕72 号)要求,开展第三方核查。

在全过程管理方面,浙江省要求产废单位围绕产生点、贮存场所、废物出入口以及废物运输路径的"三点一线",落实规范的"固体废物出入口",设置视频监控设备,省控以上危险废物重点单位要与省、市监控平台联网,实现废物流转信息"可追溯"。在产生点、贮存场所、出入口张贴危险废物应知卡,明确废物信息与责任人,并建立废物内部登记台账,实时登记废物流转信息[1]。

浙江省近年已出台的工业固体废物管理相关文件见表 4-4。

表 4-3　　　　　重点任务省级部门职责分工[2]

重点任务	具体内容	责任单位
落实减量化要求	根据危险废物和污泥的难易程度,实行差别化的处置价格政策	省物价局、省环保厅省、建设厅
	加快推进企业强制性清洁生产审核,鼓励开发应用有利于减少危险废物和污泥产生量的生产工艺及废水、废气治理技术	省环保厅、省经信委
	加强城镇生活污水处理厂出厂污泥的泥质监管,督促企业采取稳定化预处理措施,确保出厂泥质符合后续利用处置要求	省建设厅、省环保厅
	强化工业企业废水预处理监管,确保工业废水达标纳管,从源头上控制污泥的产生量	省环保厅

---

① 引自:《关于进一步规范危险废物处置监管工作的通知》(浙环发〔2017〕23 号)。

② 引自:《浙江省人民政府办公厅关于进一步加强危险废物和污泥处置监管工作的意见》(浙政办发〔2013〕152 号)。

续表

重点任务	具体内容	责任单位
加强精细化管理	开展危险废物产生单位核查。推行企业危险废物和污泥应知卡制度	省环保厅
	推行危险废物和污泥登记信息法人承诺制。加强危险废物应急预案管理	省环保厅
严格项目环境准入	对辖区内尚无危险废物、污泥集中处置设施或处置能力严重不足的地区，要严格控制产生危险废物、污泥的项目建设	省环保厅、省发改委、省经信委
	对建设项目危险废物、污泥处置方案不符合环保要求或者缺乏可行性的，不得批准其环评文件。建设项目需配套的危险废物、污泥处置设施未建成或污染防治措施落实不到位的，主体工程不得投入使用	省环保厅
推行处置费统一结算	建设危险废物和污泥运输处置费用结算平台，实行运输处置费用统一扣收、定期结算	省环保厅
规范贮存转运行为	督促企业加强危险废物包装管理，实行分质分类包装。全面落实危险废物识别标志、危险废物和污泥出入称重记录制度	省环保厅
	鼓励危险废物和污泥运输委托方开展承运招标，择优确定具备相应资质条件和能力的承运方。实行承运车辆专用标识。加大对危险废物和污泥运输车辆的检查力度	省交通运输厅、省环保厅、省公安厅
	依托乡镇(街道)医疗卫生机构，全面推行医疗废物"小箱进大箱"收集模式	省环保厅省、卫生厅
建立信息化监控体系	加快建设省市两级信息化监控平台	省环保厅
	采用视频监控、数据扫描、车载 GPS 和电子锁等手段，实时监控危险废物和污泥从产生到处置的各个环节	省环保厅、省交通运输厅

续表

重点任务	具体内容	责任单位
推进危险废物处置设施建设	编制《浙江省危险废物集中处置设施建设规划（2014—2020年）》	省发改委、省环保厅、省建设厅、省卫生厅
	指导督促各地统筹推进危险废物集中处置设施建设,确保重点项目按时建成	省环保厅、省发改委、省建设厅、省卫生厅
	制革污泥、含汞废灯管、修造船废物等产生较为集中的地区要建设专门的利用处置设施	省环保厅、省发改委、省经信委
	鼓励重点企业自建危险废物处置设施	省环保厅
统筹污泥集中处置设施建设	2015年底前,完成县以上集中式污水处理厂污泥处置设施建设改造。2017年底前,各设区市建成覆盖全市所有集中式污水处理厂和造纸、制革、印染等行业的污泥处置设施	省建设厅、省环保厅
抓好危险废物和污泥综合利用项目建设	推动化工、制革、电镀园区配套建设废酸碱利用、废溶剂回收、废活性炭再生、废包装桶清洗、含铬边角料利用及电镀污泥处理等项目	省环保厅、省发改委、省经信委
	鼓励建材行业综合利用化工废渣,支持有条件的化工、建材、冶金企业参与危险废物综合利用	省环保厅、省经信委
	鼓励利用污泥生产新型建材,鼓励将经预处理后泥质合格的污泥用于园林绿化和基质土改良	省建设厅、省环保厅
提高基础设施运行水平	统筹调配全省危险废物和污泥处置能力,保障依法跨区域转移、利用、处置危险废物和污泥。建立相邻地区危险废物应急处置协调机制,提高重大污染事故应急处置能力	省环保厅
	加强危险废物和污泥处置设施的运行监管,严格危险废物经营准入,推行污泥处置效果评估	省环保厅、省建设厅

续表

重点任务	具体内容	责任单位
强化政策保障	督促各地及时修订危险废物和污泥处置价格标准。在核定和调整城镇污水处理费征收标准时,要将污泥处置的费用纳入污水处理成本	省物价局、省环保厅、省建设厅
	对持有危险废物经营许可证单位收取的处置费不征营业税	省地税局、省环保厅
	及时开展资源综合利用认定,确保符合条件的处置单位享受国家有关税收和上网电价等优惠政策	省经信委、省地税局、省物价局、省国税局
	对危险废物和污泥利用处置等环保重点工程,各地要在土地利用年度计划安排中给予重点保障,同时加强信贷支持和金融服务	省国土资源厅、浙江银监局
加大资金投入	各级财政要加大投入,支持危险废物和污泥处置基础设施项目建设、信息化监控系统建设、实用技术和装备的推广应用等	省财政厅、省发改委、省经信委、省环保厅、省建设厅
加强综合执法	将危险废物和污泥处置纳入环境综合执法。严厉打击随意倾倒危险废物和污泥、无证经营危险废物、非法转移或处置危险废物和污泥等行为	省环保厅、省公安厅、浙江银监局
增强管理能力	加强固体废物监管队伍建设,充实相关职能部门管理力量。加强固体废物管理人员的业务培训。依托现有环保技术机构,推进省市两级危险废物鉴定工作,鼓励社会化监测机构参与危险废物鉴定。加强固体废物处置的关键技术、管理模式和环境经济政策的研究	省环保厅
引导社会参与	广泛开展固体废物污染防治宣传教育。开展经常性的警示教育,引导广大企业自觉履行污染防治责任。深化大中城市固体废物污染防治信息公开制度,试点推行危险废物和污泥重点企业年度污染防治信息发布工作	省环保厅

表 4-4　　浙江省近年已出台工业固体废物管理相关文件

序号	发布时间	文件全称
1	2018-01-15	《关于印发〈浙江省固体废物环境违法行为举报奖励暂行办法〉的通知》(浙环发[2018]2号)
2	2017-12-08	《浙江省环境保护厅关于做好委托危险废物经营许可证审批承接工作的通知》(浙环函[2017]466号)
3	2017-07-18	《浙江省环境保护厅关于取消与浙江省固体废物利用处置行业协会主管关系的通知》(浙环发[2017]28号)
4	2017-07-11	《关于印发〈"十三五"浙江省危险废物规范化管理督查考核工作方案〉的通知》(浙环发[2017]26号)
5	2017-06-07	《关于进一步规范危险废物处置监管工作的通知》(浙环发[2017]23号)
6	2017-01-24	《关于进一步规范危险废物转移过程环境监管工作的通知》(浙环函[2017]39号)
7	2016-09-14	浙江省固体废物监督管理中心《关于做好危险废物和污泥处置监管有关工作的通知》
8	2016-07-28	浙江省环境保护厅、浙江省公安厅文件《关于联合开展打击危险废物环境违法犯罪行为专项行动的通知》(浙环函[2016]326号)①
9	2016-02-18	浙江省固体废物监督管理中心《关于转发杭州市高校实验室废物管理做法的函》(附件:杭州市积极推进高校实验室废物"一校一方案"取得积极成效)②
10	2016-02-18	浙江省固体废物监督管理中心《关于印发〈设区市级危险废物监控平台日常抽选查看指导意见〉的通知》③

---

　　①　附件:浙江省打击涉危险废物环境违法犯罪行为专项行动方案;执法检查要点;危险废物产生单位专项执法检查表;危险废物经营单位专项执法检查表;各市专项执法检查行动问题情况汇总表。

　　②　函件要求指导实验室废物处置企业按照高校"一校一方案",进一步加强"服务前移",合理安排生产调度,加大清运频次,为高校提供优质服务。

　　③　要求各设区市结合信息化监控平台的建设进度,抓紧出台并实施监控平台的运行管理办法,确保监控平台投运后发挥应有的作用。《意见》要求:危废监控平台日常管理主要是在抽查时段内对视频录像和台账记录进行比对,检查抽查日内企业接收和处理数量和种类是否真实、准确,如:视频监控录像反映的种类、数量与台账等基础记录的种类、数量应当相符。

续表

序号	发布时间	文件全称
11	2016-02-18	《关于开展危险废物"存量清零"行动的通知》(浙环函〔2016〕69 号)(附件:危险废物贮存风险清单及分类处理进度表)①
12	2016-02-06	《浙江省人民政府办公厅关于印发浙江省危险废物处置监管三年行动计划(2016－2018 年)的通知》(浙政办发〔2016〕13 号)(附件:浙江省危险废物处置监管 2016 年工作要点)
13	2015	《浙江省人民政府办公厅关于进一步加强危险废物和污泥处置监管工作的意见》(浙政办发〔2015〕152 号)
14	2015-12-30	《关于下达 2016 年度危险废物集中处置设施建设计划的通知》(浙环函〔2015〕521 号)(附件:2016 年危险废物集中处置项目建设计划)
15	2015-11-26	浙江省环境保护厅、浙江省交通运输厅文件.《关于进一步规范浙江省危险废物运输管理工作的意见》(浙环函〔2015〕483 号)
16	2015-11-20	浙江省环境保护厅、浙江省发展和改革委员会文件关于印发《浙江省危险废物集中处置设施建设规划(2015-2020 年)》的通知(浙环函〔2015〕452 号)(附件:表 1 浙江省危险废物集中处置设施建设项目汇总表;表 2 浙江省危险废物处置设施建设项目汇总表(资源综合利用))
17	2015-07-15	《关于进一步加强开发区(工业园区)危险废物和污泥处置监管工作的函》(浙环办函〔2015〕102 号)
18	2015	《关于印发浙江省化工、医药、有色行业涉危险废物建设项目环评专项清理工作方案的通知》(浙环发〔2015〕28 号)

① 存量清零行动排查重点是贮存危险废物 1 年及以上、存在贮存"涨库"情形、贮存设施不符合标准要求及产生的危险废物与浙江省处置能力不符等情况。浙江省危险废物持证经营单位信息,可通过浙江省环保厅门户网站查询。

续表

序号	发布时间	文件全称
19	2014-04-15	《关于开展危险废物产生单位核查工作的通知》(浙环办函〔2014〕72号)(附件:1.危废核查报告编制指南;2.企业自查书面报告;3.危废核查工作计划表;4.危废核查进度情况表)
20	2014-02-10	浙江省固体废物监督管理中心.《关于印发〈危险废物产生单位固体废物出入口建设和管理指南(试行)〉、〈危险废物经营单位固体废物出入口建设与管理指南(试行)〉的通知》
21	2014	《关于建立危险废物经营单位环境监管方案的通知》(浙环固函〔2014〕46号)
22	2014	《关于抓好危险废物经营单位专项检查后续工作的通知》(浙环固函〔2014〕37号)
23	2013-12-23	《浙江省人民政府办公厅关于进一步加强危险废物和污泥处置监管工作的意见》(浙政办发〔2013〕152号)①
24	2013	《关于建立危险废物管理周知卡制度的通知》(浙环固〔2013〕45号)
25	2013-12-19	《浙江省固体废物污染防治"十二五"规划》(浙江省人民代表大会常务委员会公告第11号)
26	2012-04-01	《关于加强危险废物环境管理工作的通知》(浙环发〔2012〕25号)②

　　① 该《意见》提出"源头管理精细化、贮存转运规范化、过程监控信息化、设施布局科学化、利用处置无害化"的要求。提出各有关部门要协同推进危险废物和污泥处置工作(详见表4-3)。

　　② 该《通知》包含6个附件,分别是:1.危险废物管理计划备案申请表;2.危险废物意外事故应急预案备案申请表;3.浙江省危险废物管理台账;4.危险废物管理台账统计汇总表(产生单位用);5.危险废物产生流向情况统计表(县级环保局用);6.危险废物产生流向情况统计表(县级环保局用)。《通知》提到:对危化品生产使用单位,其沾染原辅材料、产品和废物等包装桶(袋)或容器内胆等不能重复使用的包装物,均应作为危险废物管理;对于排入企业自有废水处理设施的酸液,在废水稳定达标的前提下,可不作为固体废物管理。

续表

序号	发布时间	文件全称
27	2012	《浙江省危险废物产生和经营单位"双达标"创建工作方案》(浙环发[2012]19 号)
28	2010-12-20	《关于印发〈浙江省危险废物经营情况记录簿(试行)〉的通知》(浙环发[2010]69 号)
29	2009-10-28	《关于进一步加强建设项目固体废物环境管理的通知》(浙环发[2009]76 号)(附件:1.环境影响评价报告固废污染防治章节编写指南;2.环保验收监测报告固废污染防治章节编写指南)

4.3　江苏

江苏省固体废物监督管理中心(全额拨款事业单位)(曾称为江苏省固体有害废物登记和管理中心)负责对江苏省固体废物和化学品的全面环境管理工作,并承担省危险废物应急处置中心的职能。其主要职责包括:①研究、起草固体废物和化学品环境管理的地方法规、规章、规划、标准及技术规范等;②建立固体废物产生、收集、贮存、处置、转移、进出口以及化学品管理的档案及相关数据库,进行情况分析,上报有关报表;③主管进口废物申请受理、审核和技术审查、监督工作;④受江苏省环境保护厅委托,开展固体废物的环境管理和监督检查;负责危险废物的全过程环境管理和监督。⑤执行行政代处置和转移联单制度,承担危险废物经营许可证、危险废物转移的受理申请、审核、技术审查和监督工作;⑥负责化学品的环境监督管理。承担毒鼠强、高毒农药、医疗废物等专项整治的废物处置监督管理工作;⑦参与新建、改建、扩建项目固体废物污染防治措施、三同时审查监督工作;⑧承担固体废物污染事故的调查和有关的举报、信访核查工作;⑨参与处理突发性危险废物和化学品污染事故、恐怖袭击事件,组织、指导、监督现场防护和清理、废物处置、污染场地恢复工作；⑩负责全省固体废物环境管理有关的技术培训工作及上级交办的其他相关工作。①

江苏省近年已出台部分工业固体废物管理相关文件，见表4-5所示。近年来，江苏省在工业污泥环境监管、环境污染犯罪案件危险废物初步认定等方面已出台规范性文件。

1. 工业污泥环境监管

江苏省工业污泥主要来源于工业废水集中处理厂及化工、造纸、印染、电镀、酸洗和农药等典型行业。针对因处置能力严重不足造成大量污泥超期超量贮存，以及南京、无锡、苏州等地发生的多起工业污泥非法转移倾倒事件。江苏省2015年、2017年先后发文加强工业废水处理污泥环境管理。发文提到：工业污泥产生单位应加强生产废水的分类分质处理，降低污泥中有毒有害物质含量，鼓励按物化、生化工段分别处置污泥。做好源头减量，加大对减量、脱水、干化等适用技术的示范、扶持和推广力度，有效降低污泥含水率。鼓励利用水泥、电力、钢铁和建材等行业工业窑炉协同处理工业污泥。另外，早在2006年，江苏省固废管理中心已发文（苏环控[2006]29号）推广常州市城市污水处理厂污泥处置做法，并印发《水处理污泥治理专项规划编制大纲》《水处理污泥处理处置技术指南》，要求省辖市环保局主持编制本地区《水处理污泥治理专项规划》（苏环控[2006]9号）。常州市城市污水处理厂污泥处置具体做法为：利用常州广源热电有限公司现有3台75蒸吨/小时循环流化床锅炉对主城区5座污水处理厂每天产生的脱水污泥进行全量焚烧。运作模式是：由热电厂和排水管理处合作，经常州市建设局、常州市经贸委、常州市环保局鉴证，签订无固定期限的长期合同，热电厂负责投资污泥焚烧设备，并负责

---

① 引自：江苏省固体废物监督管理中心官网 http://wmdw.jswmw.com/home/about/? 477-13732. html.

污泥焚烧的日常运行和维护工作,排水管理处负责将污泥运到电厂,并按合同支付污泥焚烧费用。2010 年发布《关于进一步加强污水处理厂污泥环境监管工作的通知》(苏环办[2010]235 号)。2011 年发布《江苏省加强城镇污水处理厂污泥污染防治工作实施方案》。提到"污泥运输原则上应采用陆路运输,2012 年 1 月 1 日起原则上采用陆路运输含水率超过 60% 污泥。污泥外运贮存的,在污水处理厂内脱水至含水率 50% 以下"等要求。该实施方案包括 6 个附件,分别是:1. 城镇污水处理厂污泥管理台账;2. 市城镇污水处理厂污泥产生及处理处置情况汇总表;3. 城镇污水处理厂污泥处理处置单位污泥管理台账;4. 江苏省污水处理厂污泥跨地区转移备案表;5. 城镇污水处理厂污泥跨地区转移联单;6. 城镇污水处理厂污泥委外处置交接单。2012 年,启动江苏省工业废水集中处理设施污泥产生及处置情况调查。重点调查工业废水接管比例在 20% 以上的工业废水集中处理厂,摸清接管工业废水来源、处理工艺及产生污泥的具体去向,填写《工业废水集中处理厂污泥产生及处置情况调查表》;重点调查金属表面酸洗、化工、制革、制药、电镀、炼油、印染、制浆造纸及涉及重金属排放等重污染行业的企业污水处理设施,查清企业工业废水处理的污泥产生量及具体处置去向,填写《重污染行业企业污水处理设施污泥产生及处置情况调查表》。

2. 环境污染犯罪案件危险废物初步认定

针对非法转移、处置和倾倒危险废物的环境违法犯罪案件呈多发态势,部分案件办理中存在疑似危险废物认定难等问题,江苏省出台了《关于进一步规范全省环境污染犯罪案件危险废物认定工作的通知》(苏环办〔2017〕88 号),对已确认废物产生单位(又分为"产废单位环评文件中明确为危险废物的"和"产废单位环评文件中未明确为危险废物的"两种情形)和无法确定废物产生单位的环境污染犯罪案件办理过程中危险废物认定工作进行了规范。同时,制定了《江苏省环境污染犯罪案件危险废物初步认定技术指南》（以下简称《指南》）。该《指南》适用于江苏省境内疑似危险废物非法转移、处置、倾倒等环境污染犯罪案件办理过程中，对涉案废物组织开展前期调查，并出具意见，作为公安机关环境污染犯罪案件立案的依据。详见"附录 9 环境污染犯罪案件危险废物初步认定工作流程图和案件信息收集资料清单"。

表 4-5　江苏省近年已出台工业固体废物管理相关文件

序号	发布时间	文件全称
1	2017-05-17（污泥）	《关于进一步加强工业污泥环境监管工作的通知》
2	2017-04-17	《关于进一步规范全省环境污染犯罪案件危险废物认定工作的通知》（苏环办〔2017〕88 号）（附件：江苏省环境污染犯罪案件危险废物初步认定技术指南）
3	2016-07-19	《省政府办公厅关于进一步加强固体废物污染防治的通知》（苏政传发〔2016〕168 号）
4	2015-12-29（污泥）	《关于加强工业废水处理污泥环境管理工作的通知》（苏环办〔2015〕327 号）（附件：1.非危险废物工业污泥转移联单；2.工业废水处理污泥管理台账；3.污泥产生处置情况汇总表）
5	2015-11-24	《关于印发江苏省固体（危险）废物跨省转移审批工作程序的通知》（附件：1.江苏省固体（危险）废物跨省转移申请表（跨省移出）；2.江苏省固体（危险）废物跨省转移申请表（跨省移入）；3.江苏省固体（危险）废物跨省（市）转移实施方案；4.法人授权委托书（产废单位）；5.法人授权委托书（接收单位））
6	2015-03-02	《关于做好进口废物加工利用企业环境保护分类分级监管工作的通知》（苏环办〔2015〕48 号）
7	2014-09-22	《关于进一步规范我省危险废物集中焚烧处置行业环境管理工作的通知》（苏环规〔2014〕6 号）

续表

序号	发布时间	文件全称
8	2014-06-19	《关于印发江苏省进口废五金类废物加工利用企业认定工作程序（试行）的通知》（苏环规〔2014〕5号）
9	2012-07	《江苏省"十二五"废弃电器电子产品处理发展规划》
10	2013-09-18	《关于加强建设项目环评文件固体废物内容编制的通知》（苏环办〔2013〕283号）
11	2013-09-13	《关于印发〈江苏省危险废物鉴定工作程序（试行）〉的通知》（苏环办〔2013〕279号）
12	2013-09-18	《关于进一步规范我省废乳化液、废包装桶、含锌废物处置利用行业环境管理工作的通知》（苏环规〔2013〕3号）
13	2012-11-15	《关于实行危险废物利用处置项目备案制度的通知》（苏环办〔2012〕346号）
14	2012-08-24	《关于切实加强危险废物监管工作的意见》
15	2012-08-24	《关于切实做好废弃电器电子产品处理企业整改工作的通知》（苏环函〔2012〕362号）
16	2012-08-24	《关于组织实施废弃电器电子产品处理信息网上申报工作的通知》（环办函〔2012〕935号）
17	2012-08-16（污泥）	《关于开展全省工业废水集中处理设施污泥产生及处置情况调查的通知》（附件：1.工业废水集中处理厂污泥产生及处置情况调查表；2.重污染行业企业污水处理设施污泥产生及处置情况调查表）
18	2012-08-08	《省环保厅转发环保部办公厅关于核定2013年进口废五金电器废电线电缆和废电机定点加工利用企业的通知》（苏环办〔2012〕263号）
19	2011-08-18（污泥）	《关于印发江苏省加强城镇污水处理厂污泥污染防治工作实施方案的通知》（附件：江苏省加强城镇污水处理厂污泥污染防治工作实施方案）

续表

序号	发布时间	文件全称
20	2011-08-26	《关于做好江苏省危险废物动态管理信息系统运行工作的通知》
21	2011-07-06	《关于印发江苏省进口可用作原料的固体废物预审及备案程序的通知》
22	2011-07-19	《关于做好我省危险废物规范化管理档案资料制作和汇总上报的通知》
23	2010-06-12	《关于调整我省危险废物经营许可证办理程序的通知》（苏环办[2010]227号）
24	2009-12-31	《关于报送2009年度电子废物污染防治管理情况的函》（苏环办函[2009]15号）
25	2009-06-03	《关于报送2008年度电子废物污染防治管理情况的通知》（苏环办[2009]238号）
26	2009-01-21	《关于做好2008年度固体废物污染环境防治信息发布工作的通知》（苏环办[2009]18号）
27	2008-12-08	《关于进一步规范我省废线路板、含铜污泥、蚀刻废液处置利用企业环境管理工作的通知》（苏环控[2008]107号）①
28	2006-06-09（污泥）	《关于推广常州市城市污水处理厂污泥处置做法的通知》（苏环控[2006]29号）
29	2006-06-07	《关于开展全省危险废物产生源专项申报登记工作的通知》（苏环控[2006]28号）（附件：全省危险废物产生源专项申报登记实施方案）

---

① "苏环控[2008]107号"对江苏省新建废线路板、含铜污泥、蚀刻废液处置利用企业从生产及经济规模、项目选址、生产工艺方面提出了具体要求。其中，生产及经济规模主要指注册资金、项目总投资、年处理能力；项目选址要求新建废线路板、含铜污泥处置利用企业必须进工业园区或工业集中区，新建蚀刻废液处置利用企业必须进化工园区或化工集中区。废线路板利用企业，铜提取率必须达到95%以上。

续表

序号	发布时间	文件全称
30	2006-05-11 （污泥）	《关于上报水处理污泥处置、利用进展情况的通知》（苏环控[2006]21 号）
31	2006-03-09 （污泥）	《关于印发〈水处理污泥治理专项规划编制大纲〉的通知》（苏环控[2006]9 号）
32	2004-09-03	《关于实施国务院〈危险废物经营许可证管理办法〉的通知》（苏环控[2004]64 号）

4.4　广东

广东省固体废物和化学品环境中心是广东省环境保护厅的正处级自收自支事业单位。主要任务为：参与拟订固体废物和化学品环境风险防控和污染防治的政策法规、规章制度、标准规范和规划；参与固体废物环境管理工作，负责危险废物经营许可证发放、固体废物进口的专业技术审核和管理工作；负责固体废物跨省转移管理工作；参与危险废物（处置）经营单位及设施运行的监督检查工作；参与化学品环境管理工作，负责危险化学品环境管理登记、新化学物质和有毒化学品生产、进口的登记工作；协助处置突发性危险废物、危险化学品污染事故；指导市、县固体废物和化学品环境管理工作。

《广东省固体废物污染环境防治条例》于 2004 年 5 月 1 日起施行，2012 年 1 月 9 日和 2012 年 7 月 26 日两次修正。2016 年12 月对《广东省固体废物污染环境防治条例》（修订草案送审稿）公示征集立法意见。近年广东出台的部分工业固体废物相关文件见表 4-6 所示。

表 4-6　广东省近年已出台工业固体废物管理相关文件

序号	发布时间	文件全称
1	2015-03-24	《广东省环境保护厅关于进一步提升危险废物处理处置能力的通知》(粤环[2015]26 号)
2	2014-08-06	《广东省环境保护厅关于加强固体废物管理信息平台使用管理的通知》(粤环函[2014]938 号)(附件:1.广东省 2014 年度国家级危险废物监管重点源企业名单;2.广东省各市县(区)固体废物管理信息平台使用管理工作联络员汇总表)
3	2014-07-24	《关于印发〈广东省环境保护厅危险废物经营许可证办理程序〉的通知》(粤环[2014]64 号)(附件:广东省环境保护厅危险废物经营许可证办理程序)
4	2013-09-25	《广东省环境保护厅关于危险废物贮存环境防护距离有关问题处理意见的通知》(自 2018 年 1 月 1 日起废止)(粤环函[2013]1041 号)①

---

①　"粤环函[2013]1041 号"文内容如下:2013 年 6 月 8 日,环境保护部发布了《一般工业固体废物贮存、处置场污染控制标准(GB 18599—2001)等 3 项国家污染物控制标准修改单的公告》(公告 2013 年第 36 号,以下简称《公告》),其中《危险废物贮存污染控制标准》(GB 18597—2001)第 6.1.3 条由"场界应位于居民区 800 米以外,地表水域 150 米以外"修改为"应依据环境影响评价结论确定危险废物集中贮存设施的位置及其与周围人群的距离,并经具有审批权的环境保护行政主管部门批准,可作为规划控制的依据"。各地要对辖区内涉及危险废物贮存环境防护距离问题的企业进行梳理,并通知相关企业按照以下处理意见完善相关手续。(一)原环境影响评价文件批复要求危险废物贮存环境防护距离按修订前标准执行,但尚未验收,现申请从事危险废物经营活动的企业,要求企业进行环境影响后评估,对贮存环境防护距离进行论证,并报经有审批权的环境保护行政主管部门出具备案意见后,方可申领《危险废物经营许可证》。(二)已通过环保竣工验收且持有《危险废物经营许可证》,但危险废物贮存环境防护距离不符合修订标准规定的企业,按以下程序办理。1.对环境影响评价文件由地方环保行政主管部门审批的企业,应在 2014 年 6 月底前完成环境影响后评估,环境影响后评估结论应明确危险废物集中贮存设施的位置及其与周围人群的距离,并报经地级以上市的环境保护行政主管部门出具备案意见,满足环境影响后评估确定的贮存环境防护距离的企业方可进行危险废物经营活动。未进行环境影响后评估或不满足环境影响后评估确定的贮存环境防护距离的企业,2015 年 1 月后将不再续证。2.对环境影响评价文件由省环境保护厅审批的,应在 2014 年 6 月底前完成环境影响后评估,环境影响后评估结论应确定危险废物集中贮存设施的位置及其与周围人群的距离,并报经省环境保护厅出具备案意见后,满足环境影响后评估确定的贮存环境防护距离的企业方可进行危险废物经营活动。未进行环境影响后评估或不满足环境影响后评估确定的贮存环境防护距离的企业,2015 年 1 月后将不再续证。

续表

序号	发布时间	文件全称
5	2013-06-26	《关于在广东试行进口可用作原料的固体废物"就近口岸"报关的公告》(附件：广东废料进口口岸目录)
6	2013-05-29	《广东省环境保护厅关于印发限制类进口可用作原料固体废物加工利用单位环境监管方案的通知》(粤环〔2013〕40号)(附件：1.《广东省环境保护厅关于限制类进口可用作原料固体废物加工利用单位环境监管方案》；2.申请进口可用作原料固体废物的监督管理意见表(省级)；3.申请进口废塑料监督管理情况意见表(省级、塑料企业适用)；4.进口废物加工利用单位现场检查记录表；5.申请进口可用作原料固体废物的监督管理意见表(市级)；6.申请进口废塑料监督管理情况意见表(市级、塑料企业适用)；7.进口限制类可用作原料固体废物申请流程图；8.进口限制类可用作原料固体废物申请材料清单)
7	2013-02-06	《广东省环境保护厅关于我省严控废物处理许可证审批权下放有关事项的通知》(自2018年1月1日起废止)(粤环函〔2013〕140号)(附件：1.广东省严控废物处理单位审查和许可指南；2.严控废物污泥转移联单样式)
8	2011-05-31	《关于我省严控类污泥处理处置价格管理问题的通知》(粤价〔2011〕125号)
9	2011-05-27	《关于贯彻实施国家固体废物进口管理有关规定的意见》(粤环〔2011〕57号)(附件：1.《关于对(填写企业名称)申请进口自动许可进口类可用作原料的固体废物的监督管理情况表》；2.《关于对(填写企业名称)申请进口限制进口类可用作原料的固体废物的监督管理情况及审查意见表》；3.市年度进口固体废物经营情况汇总表；4.申请材料清单)
10	2009-08-20	《广东省严控废物处理行政许可实施办法》(粤府令第135号)(附件：广东省严控废物名录)

续表

序号	发布时间	文件全称
11	2008-11-13	《关于发布〈广东省高危废物名录〉的通知》（粤环[2008]114号）
12	2006-12-25	《广东省进口废塑料加工利用企业污染控制规范》（粤环[2006]110号）

1. 危险废物按月申报制度

广东省对危险废物产生单位实行按月申报制度[1]。即按照分步实施的原则，自2014年10月1日起，列为国家级危险废物监管重点源的产生单位（上年度危险废物产生量≥100吨）实行月报制度，每月10日前通过省信息平台完成上月度危险废物申报登记工作。并将适时推进省级（10吨≤上年度危险废物产生量＜100吨）、市级（1吨≤上年度危险废物产生量＜10吨）危险废物监管重点源按月申报工作。

2. "高危险废物"和"严控废物"

《广东省固体废物污染环境防治条例》针对"高危险废物"[2]和"严控废物"[3]提出了管理要求。并于2008年进一步出台《关于发布〈广东省高危废物名录〉的通知》（粤环[2008]114号）；2009年出台《广东省严控废物处理行政许可实施办法》（粤府令第135号）。表4-7为广东省严控废物名录。

---

① 粤环函[2014]938号。

② 该《条例》第二十三条　高毒性、致畸、致癌和致突变性等高危险废物，应当由取得相应危险废物经营许可证的单位集中处置。高危险废物名录由省人民政府环境保护行政主管部门拟订，报省人民政府批准后发布。

③ 该《条例》第二十六条　未列入国家危险废物名录，但含有毒有害物质，或者在利用和处置过程中容易产生有毒有害物质的严控废物，由省人民政府环境保护行政主管部门会同有关部门制定其种类和处理方式的名录，严格控制其利用和处置过程。第二十七条　采用严控废物名录规定的处理方式处理严控废物的单位，应当申请严控废物处理许可证。未经许可，不得擅自处理严控废物。

表 4-7　　　　　　　　**广东省严控废物名录**

编号	严控废物类别	需许可的处理方式
HY01	覆铜板的边角料及残次品	收集、贮存、处理、处置
HY02	印染废水处理污泥	收集、贮存、处理、处置
HY03	造纸废水处理污泥	收集、贮存、处理、处置
HY04	味精和酒精发酵废液	收集、贮存、处理、处置
HY05	饮食业产生的食物加工废物和废弃食物及植物油加工厂产生的残渣	收集、贮存、处理、处置
HY06	城镇集中式生活污水处理厂产生的污水处理污泥	收集、贮存、处理、处置

附录

附录1　危险废物产生单位核查报告大纲[①]

1. 生产经营情况核查

1.1　审批的生产规模与范围

企业环境影响评价及环保"三同时"验收中,批准的产品种类与数量,使用原辅材料种类、性质和数量,生产工艺与主要设备。

1.2　核实的生产规模与范围

现场核实实际生产情况,包括:产品种类与数量,使用原辅材料的种类、性质和数量,以及生产工艺与设备。明确核查期间,企业实际在产的项目、原辅材料及工艺过程。

1.3　对比生产情况变化情况

核查企业生产经营规模与范围的变化,并列表说明。对批建不符、原辅材料和工艺变更等,可能影响固体废物特别是危险废物产生种类、性质和数量的,要重点分析说明。

2. 危险废物产生情况核查

2.1　工程现状分析

根据1.2和1.3的分析结果,分产品绘制工艺流程图,标明除废水、废气外,其他副产物的产生环节,并进行文字说明。

2.2　副产物产生核查

列表(附表1-1)说明实际的副产物产生情况,并与环评和验收技术报告中的副产物产生情况进行对比。对于环评中未涉及的副产物,应单独说明产生主要成分、形态(固态、半固态、液态等)和产生工序。其中,对于高浓度高盐分液态物质、酸性(碱性)

---

① 引自《关于开展危险物产生单位检查工作的通知》(浙环办函〔2014〕272号)。

洗液直接或者经预处理(如三效蒸发等)后作为废水处理的,要重点分析其合法性和可行性。

附表 1-1　　　　副产物产生情况汇总表

序号	副产物名称	产生工序	形态	主要成分	产生量（吨/年）	环评及验收情况

2.3　废物属性判定

2.3.1　固体废物属性判定。

根据《固体废物鉴别标准　通则》的规定,判断每种副产物是否属于固体废物,说明判定依据,并以列表说明判定结果(附表1-2)。对母液等高浓度废液作为废水处理的,要重点分析其经济和技术的可行性。如可行性不足的,也应当作为固体废物管理。

附表 1-2　　　副产物属性判定表(固体废物属性)

序号	副产物名称	产生工序	形态	主要成分	是否属固体废物	判定依据

注:判定依据应当按《固体废物鉴别标准　通则》提供的内容填写。

2.3.2　危险废物属性判定。

根据《国家危险废物名录》以及《危险废物鉴别标准》,判定固体废物是否属于危险废物。判定步骤是:(1)固体废物产生工序或者所含成分列入《国家危险废物名录》,属于危险废物。(2)未列入《名录》但可能有危险特性的,企业或管理部门对属性有异议的,可提出是否需鉴别的建议,并提出相应的分析指标初步意见。(3)列表说明每种固体废物的属性判定结果和依据(附表1-3)。

附表 1-3 危险废物属性判定表

序号	固体废物名称	产生工序	属性判定(危险废物/一般固废/待鉴别)	废物代码	危险特性	建议鉴别指标

注:"废物代码",经判定属于危险废物的,按《国家危险废物名录》填写废物代码,并按《名录》填写相应的危险特性,如"C(腐蚀性)、T(毒性)"等。属于待鉴别的,需填写鉴别指标的初步意见。

2.4 产生基数核定

根据实际生产情况,结合企业危废产生处置原始记录(对记录不全的,可采用理论计算),核实每种固体废物在一段时期(一周、一个月或一个生产周期)内的实际产生量,并根据生产负荷率,折算得出每种固废在满负荷生产条件下的产生基数,并列表说明(附表 1-4)。

附表 1-4 固体废物调查统计汇总表

序号	固废名称	产品及满负荷产能	统计日期(年.月.日)	产生量记录(公斤、吨)	折算满负荷生产条件下的产生基数(吨/年)
1					
2					

2.5 固体废物分析情况汇总

以列表形式(附表 1-5)说明产生的固体废物的名称、类别、属性和数量等情况。并与环评内容进行对照分析,有出入的详细说明原因。其中产生量为产生固废的产品满负荷生产条件下,该种固废的产生量。

附表 1-5 固体废物核查结果汇总表

序号	产品及产能	固体废物名称	产生工序	形态	主要成分	属性(危险废物、一般固废或待鉴别)	废物代码	产生量基数(吨/年)

注:属待鉴别的,可不填写废物代码。

3. 危险废物处置和管理情况核查

3.1 核实每类固体废物的现状去向,着重分析危险废物的处理处置去向合理性。对不合理的,应建议合理去向。

3.2 对照《危险废物规范化管理指标体系》要求,逐项检查企业执行情况。列表说明存在的问题(附表 1-6)。

附表 1-6 固体废物处理处置去向汇总表

序号	固体废物名称	属性(是否属于危险废物)	废物代码	产生量(吨/年)	现状去向	是否符合环保要求	建议去向

4. 措施及建议

从以下几个方面提出固体废物污染防治的对策措施:

(1)安全贮存的技术要求:主要包括贮存设施的建设指标、分类贮存以及规范包装的要求,具体指标可参考《一般工业固体废物贮存、处置场污染控制标准》(GB18599-2001)、《危险废物贮存污染控制标准》(GB18597-2001)的内容。

(2)规范利用处置方式:根据建设项目固体废物利用处置方式评价结果,针对不符合环保要求的,逐一提出改进意见。

(3)日常管理要求:对照3.1、3.2的结果,提出整改对策措施。

5. 附件

附件主要有两部分,一是核查情况汇总表(附表 1-7),二是企业产生固废的索引表(附表 1-8)。

附表 1-7　　　　固体废物核查结果汇总表

序号	产品	产能	固体废物名称	性状	主要成分	属性(是否属于危险废物)	危废代码	满负荷工况下的产生量(吨/年)	处理处置去向	备注

填写说明:1. 属性一栏中,填写"是"或"否"。如需鉴别的填写"待分析鉴别"。

2. 产生量一栏中,填写满负荷工况下的理论产生量。

3. 处理处置去向一栏中,填写实际废物的去向。属于危险废物的,还应填写经营单位的许可证代码。

4. 备注一栏中,对于处理处置去向不合理的,应提出合理去向的建议。

附表 1-8   **危险废物索引卡**

危废名称:	管理责任人:	
产生工段或车间:		
危废代码:	主要成分:	危险特性:
性状:	包装方式:	
运输单位:		
处置单位:	经营许可证编号:	
图片:		

注:1.每种危险废物分别制作 1 张索引卡;2.管理责任人通常为产生工段(车间)负责人;3.代码、成分、危害特性和性状等,按附表 1-7 填写;4.包装方式,请填写该种废物所采用的包装物,如散装、200L 铁桶、××L 塑料桶等;5.处置单位,自建焚烧等处置设施的,填写自行焚烧处置,委托处置的,填写处置单位名称。6.图片通常包括三张:废物外观图片;废物包装后的图片;废物产生装置或点位图片。

附录 2 国家级、省级固体废物环保监管部门一览表

序号	单位名称(单位性质、单位官方网址)
1	环境保护部固体废物与化学品管理技术中心①(中国固废化学品管理网 http://www.mepscc.cn/)
2	江苏省固体废物监督管理中心(全额拨款事业单位、http://wmdw.jswmw.com/home/? lid=477)
3	上海市固体废物管理中心(全额拨款事业单位,http://shwm.sepb.gov.cn/)
4	北京市固体废物和化学品管理中心
5	天津市固体废物及有毒化学品管理中心
6	河北省固体废物管理中心
7	山西省固体废物管理中心
8	内蒙古自治区固体废物管理中心
9	辽宁省固体废物管理中心
10	吉林省固体废物管理中心(http://www.jlgtfwglzx.cn/)
11	黑龙江省危险废物管理中心
12	浙江省固体废物监督管理中心
13	安徽省固体废物管理中心

① 环境保护部固体废物与化学品管理技术中心(以下简称中心)成立于2013年6月,由原环保部固体废物管理中心与原环保部化学品登记中心合并组成,是环境保护部直属的正局级事业单位,是环保部固体废物、化学品、污染场地和重金属环境管理的技术支持机构。内设办公室、综合业务部(污染场地环境管理技术部)、审核登记部、危险废物管理技术部、电子废物管理技术部及化学品管理技术部等7个二级机构。中心接受环保部污染防治司业务指导,主要职责为:(一)承担固体废物与化学品风险防控和污染防治政策、法规、战略、规划、标准和技术规范等方面研究工作。(二)开展固体废物污染防治和化学品环境管理相关调查、分析测试、技术鉴别、科学研究和国际合作。(三)受环境保护部委托,协助开展固体废物与化学品环境管理的现场检查、日常监督并承担相关行政审批的技术审核,承担对地方固体废物与化学品管理机构的技术指导和服务工作。(四)开展污染场地环境管理、重金属污染防治相关技术支持工作。(五)开展固体废物和化学品环境管理方面的信息分析、技术服务、宣传培训和社会咨询。(六)承办环境保护部交办的其他事项。

续表

序号	单位名称（单位性质、单位官方网址）
14	福建省固体废物及化学品环境管理技术中心
15	江西省固体废物管理中心 http://www.jxepb.gov.cn/(GK/WFC/GTFW/index.htm
16	山东省固体废物和危险化学品污染防治中心
17	河南省固体废物管理中心(http://gfzx.hnep.gov.cn/)
18	湖北省固体废物与化学品污染防治中心
19	湖南省固体废物管理站
20	广东省固体废物和化学品环境管理中心
21	广西壮族自治区固体废物管理中心
22	海南省固体废物管理中心
23	重庆市固体废物管理中心
24	四川省固体废物与化学品管理中心(http://schj.gov.cn/sgtfwyhxpglzx/)
25	贵州省固体废物管理中心(http://www.ghb.gov.cn/doc/gfzx/index.shtml)
26	云南省固体废物管理中心
27	西藏自治区固体废物监督管理中心
28	陕西省固体废物管理中心
29	甘肃省固体废物管理中心
30	青海省固体废物管理中心
31	宁夏回族自治区危险废物和化学品管理局
32	新疆维吾尔自治区固体废物管理中心

附录3 危险废物委托处置合同样本

合同编号：

本合同于[　　　]年[　　]月[　　]日由以下双方签署

甲方（危险废物产生单位）：＿＿＿＿＿＿＿＿＿＿＿

法人代表：＿＿＿＿＿＿＿＿＿

地址：＿＿＿＿＿＿＿＿＿＿＿＿＿＿＿

邮政编码：＿＿＿＿＿＿＿＿

机构代码：＿＿＿＿＿＿＿＿＿＿＿＿＿＿＿＿

电话：

传真：

联系人：

乙方（危险废物处置单位）：

地址：

邮政编码：

电话：

传真：

联系人：

鉴于：

（1）乙方为一家合法的专业废物处置公司，具备提供危险废物处置服务能力。

（2）甲方在生产经营过程中将产生合同附件内约定的处置废物，属危险废物。根据《中华人民共和国固体废物污染环境防治法》及有关规定，甲方愿意委托乙方处置上述废物。

为此，双方达成如下合同条款，以供双方共同遵守：

一、服务内容

1. 甲方作为危险废物产生单位，委托乙方对其产生的危险废物（见合同附件）进行处理和处置。

2. 根据《中华人民共和国固体废物污染环境防治法》及相关

规定,甲方应负责依法向所在地县级以上地方人民政府环境保护行政主管部门进行相关危险废物转移的申请和危险废物的种类、产生量、流向、贮存和处理等有关资料的申报,经批准后始得进行废物转移运输和/或处置。

3. 废物的运输须按国家有关危险废物的运输规定执行。甲方须按照本合同第二条第 4、5 项规定向乙方提出申请。甲方须提前填写联单第一部分并盖章,扫描后并提交运输计划给乙方,作为提出运输申请的依据,乙方根据排车情况及自身处置能力安排运输服务,在运输过程中甲方应提供进出厂的方便,并负责废物按乙方要求装车。

二、甲方责任与义务

1. 甲方有责任对在生产过程中产生的废物进行安全收集并分类暂存于乙方认可尺寸的封装容器内,并有责任根据国家有关规定,在废物的包装容器表面明显处张贴符合国家标准 GB18597《危险废物贮存污染控制标准》的标签,标签上的废物名称同本合同第四条所约定的废物名称。甲方的包装物和/或标签若不符合本合同要求、和/或废物标签名称与包装内废物不一致时,乙方有权拒绝接收甲方废物。如果废物成分与本合同第四条所约定的废物本质上是一致的,但是废物名称不一致,或者标签填写、张贴不规范,经过乙方确认后,乙方可以接收该废物,但是甲方有义务整改。

2. 甲方须按照乙方要求提供废物的相关材料(包括废物产生单位基本情况调查表、废物信息调查表、危险废物包装和运输车辆选择及要求等),并加盖公章,作为废物性状、包装及运输的依据。

3. 合同签订前(或者处置前),甲方须提供废物的样品给乙方,以便乙方对废物的性状、包装及运输条件进行评估,并且确认是否有能力处置。若甲方产生新的废物,或废物性状发生较大变化,或因为某种特殊原因导致某些批次废物性状发生重大变化,甲方应及时通报乙方,并重新取样,重新确认废物名称、废物成

分、包装容器和处置费用等事项,经双方协商达成一致意见后,签订补充合同。如果甲方未及时告知乙方:

(a) 乙方有权拒绝接收,甲方承担相应运费;

(b) 如因此导致该废物在收集、运输、储存及处理等全过程中产生不良影响或发生事故、或导致收集处置费用增加者,甲方应承担因此产生的损害责任和额外费用。

4. 甲方危险废物转移计划经相关部门审批通过后,可委托乙方前往固体废物管理主管部门领取盖章的纸质转移计划表、纸质的转移联单。

5. 甲方将指定专人负责废物清运、装卸、核实废物种类、废物包装和废物计量等方面的现场协调及处理服务费用结算等事宜,甲方须提前二个月与乙方确认危险废物转移计划经相关部门审批通过后,需提交运输申请以便乙方安排运输服务。

三、乙方的责任与义务

1. 乙方负责按国家有关规定和标准对甲方委托的废物进行安全处理,并按照国家有关规定承担违规处置的相应责任。

2. 运输由乙方负责,乙方承诺废物自甲方场地运出起,其运输、处置过程均遵照国家有关规定执行,并承担由此带来的风险和责任,除国家法律另有规定者除外。

3. 乙方承诺其人员及车辆进入甲方的厂区将遵守甲方的有关规定。

4. 乙方将指定专人负责该废物转移、处置、结算、报送资料及协助甲方的处置核查等事宜。

5. 乙方应协助甲方办理废物的申报和废物转移审批手续,除有一些应由甲方自行去环保部门办理的手续外。

四、废物的种类、数量、服务价格与结算方法

1. 废物的种类、数量、处置费:见合同附件

2. 装运费: 元/车次(5 吨车)、 元/车次(10 吨车)、 /车次(20 吨车)。若因甲方自身原因要求乙方专程送

包装容器给甲方,甲方需按本条款规定的装运费标准另外支付乙方运输费。

3. 支付方式:甲方转运废物前须支付足够的预付处置款给乙方。以实际接收数量为结算依据,乙方向甲方开具相应金额的发票。

4. 计量:现场过磅(称),由双方签字确认,若发生争议,以在乙方过磅的重量为准。

5. 结算方法:不含税单价×税率×重量+运费=应付费用总额(四舍五入保留两位小数)。

6. 乙方银行信息:开户名称:＿＿＿＿＿＿＿＿＿＿＿＿＿

开户银行:＿＿＿＿＿＿＿＿＿＿＿＿＿

开户账号:＿＿＿＿＿＿＿ 行号:＿＿＿＿＿＿

五、双方约定的其他事项

1. 如果废物转移审批未获得主管环保部门的批准,本合同自动终止。

2. 在乙方焚烧炉年度检修期间,乙方不能够保证收集甲方的废物;每年 月 日至 月 日为乙方处置费年终结算日,在此期间停止收集甲方的废物。

3. 乙方根据自身实际处置运营情况接收甲方废物,如因废物收集量超出乙方实际处理能力乙方有权暂停收集甲方废物。

4. 合同执行期间,如因法令变更、许可证变更、主管机关要求或其他不可抗力等原因,导致乙方无法收集或处置某类废物时,乙方可停止该类废物的收集和处置业务,并且不承担由此带来的一切责任。

5. 废物处理量不能超过环保主管部门危险废物交换、转移报批表中相应废物的审批量,如果废物超量,将退回甲方,运费将由甲方承担。

6. 如果甲方未按乙方要求如期支付处置费,乙方有权暂停甲方废物收集。

7. 甲乙双方均应遵守反商业贿赂条例,不得向对方或对方经办人或其他相关人员索要、收受、提供、给予合同约定外的任何利益。

六、其他

1. 本合同一式 _____ 份,由甲乙双方及环保部门各 _____ 份。

2. 本合同如发生纠纷,双方将采取友好协商方式解决。双方如果无法协商解决,应提交 国际经济贸易仲裁委员会(国际仲裁中心)根据其仲裁规则通过仲裁解决。仲裁语言为中文。仲裁裁决是终局的,对本合同各方均有约束力。

3. 本合同经双方签字盖章后生效。

4. 合同有效期自 年 月 日起至 年 月 日止,并可于合同终止前一个月由任一方提出合同续签。

甲方: (章)

联络人:

乙方: (章)

联络人: 年 月 日

合同附件:

合同编号:

废物名称		形态		计量方法	按重量计(单位:千克)
产生来源					
主要成分					
预计产生量		(千克)		包装情况	
特定工艺				危废类别	
不含税单价		(元/千克)		税率(%)	
废物说明					

附录 4 危险废物贮存延期申请材料样本

关于延长危险废物贮存期限的申请报告

（环保主管部门）：

我单位一批危险废物，入库时间　　年　　月　　日，共计　　吨，因　　　　　、等原因，目前尚未全部处理完成，因此需要延长贮存期限至　　年　　月　　日。

期间我单位保证将一如既往地按规范要求严格做好贮存管理，避免"跑、冒、滴、漏"等环境污染事件发生。

特此申请，盼予批准！

产废单位：　　　　　　有限公司

（公章）

年　月　日

危险废物延期贮存申请表

申请单位填写	单位名称			（公章）
	组织机构代码		邮政编码	
	单位地址			
	法人代表		联系电话	
	联系人		联系电话	
延期贮存期限		年　月　日至　　　年　月　日		
危险废物名称和数量				
延期贮存原因说明				
环保部门意见		盖章　　　　　年　月　日		

附录5 危险废物产生单位和经营单位规范化管理档案资料目录①

工业危险废物产生单位规范化管理档案资料目录表

序号	材料名称	必备	可选
1	档案材料目录	√	
2	建设项目环境影响评价及审批、监测报告、验收材料	√	
3	危险废物管理计划	√	
4	危险废物管理(转移)计划备案表	√	
5	危险废物申报登记材料(排污申报表或者专门的危险废物申报)	√	
6	危险废物转移联单(至少最近2年的联单)	√	
7	危险废物委托处置的相关合同(协议)(至少最近2年)	√	
8	危险废物接受单位的危险废物经营许可证(复印件)	√	
9	危险废物跨省市转移批复文件		√
10	危险废物产生、贮存台账记录	√	
11	危险废物污染环境防治责任制度	√	
12	危险废物事故应急预案(专项应急预案或者综合性环保应急预案内有专门内容)及应急演练记录	√	
13	危险废物员工培训计划和培训记录	√	
14	危险废物自行利用处置的台账记录、监测报告		√

①　引用自《上海市环境保护局关于做好本市危险废物规范化管理档案资料制作的通知》(沪环保防[2012]303号),2012-08-30。

危险废物(含医疗废物)经营单位规范化管理档案资料目录表

序号	材料名称	必备	可选
1	档案材料目录	√	
2	建设项目环境影响评价及审批、监测报告、验收材料	√	
3	危险废物经营许可证	√	
4	危险废物经营情况记录簿(按照《危险废物经营单位记录和报告经营情况指南》环保部公告 2009 年第 55 号)	√	
5	危险废物季度及年度经营情况报告	√	
6	危险废物管理计划	√	
7	危险废物管理(转移)计划备案表	√	
8	危险废物申报登记材料	√	
9	危险废物转移联单(至少最近 2 年的联单)	√	
10	危险废物委托处置的相关合同(协议)(至少最近 2 年)	√	
11	危险废物年度委托环境监测报告	√	
12	危险废物入厂分析记录	√	
13	危险废物产生、贮存台账记录	√	
14	危险废物处理处置设备设施检查和运行维护记录	√	
15	危险废物事故应急预案(专项应急预案或者综合性环保应急预案内有专门内容)及应急演练记录	√	
16	危险废物员工培训计划和培训记录	√	
17	环境污染事故记录		√

附录 6　环境污染犯罪案件危险废物初步认定工作流程图和案件信息收集资料清单①

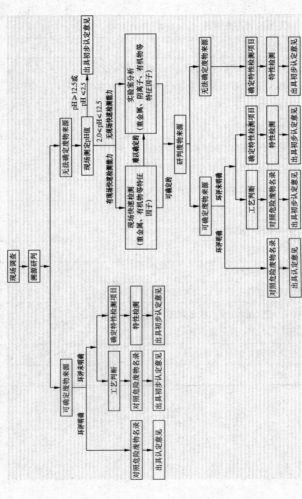

环境污染犯罪案件危险废物初步认定工作流程图

---

① 引自：《江苏省环境污染犯罪案件危险废物初步认定技术指南》。

环境污染犯罪案件(涉及危险废物)案件信息收集资料清单

一、案件背景信息

涉危案件知情人员问询情况,涉案废物对周边的环境影响,涉案废物的运输途径等信息。

二、环境管理信息

涉案废物产生单位情况,产品及原辅材料、生产工艺产生环节,涉案废物的环评及批复、其他环保相关手续,涉案废物在产生单位的堆存处置情况、进出台账,涉案废物经营活动的审批手续,涉案废物的处置利用情况、产品的进出台账,及其他的相关信息。

三、涉案场地情况

观察并绘制场地平面布置情况,包括涉案废物堆放的位置和范围。记录涉案废物储存的容器类型和数量、是否发生损坏,涉案废物的性状、颜色、气味等基本信息,涉案废物的称重情况,标记标识以及其他的相关信息。

四、涉案废物相关场内污染痕迹

涉案场地污染痕迹、范围及污染程度,涉案场地的污染特征,证据保全情况等相关信息。

参考文献

[1]　中华人民共和国最高人民法院.最高人民法院、最高人民检察院关于办理环境污染刑事案件适用法律若干问题的解释:法释[2016]29号[EB/OL].(2016-12-26)[2018-05-01].http://www.court.gov.cn/fabu-xiangqing-33781.html.

[2]　中华人民共和国环境保护部.《国家危险废物名录》:部令第39号[EB/OL].(2016-06-14)[2018-05-01].http://www.mep.gov.cn/gkml/hbb/bl/201606/t20160621_354852.htm.

[3]　郭薇.张德江在全国人大常委会会议上作《固废法》执法检查情况的报告——充分认识《固废法》实施的艰巨性和复杂性[N].中国环境报,2017-11-02(001).

[4]　中华人民共和国环境保护部.2015年环境统计年报[R/OL].(2017-02-23)[2018-05-01].http://www.zhb.gov.cn/gzfw_13107/hjtj/hjtjnb/.html.

[5]　中华人民共和国环境保护部.2016年全国大、中城市固体废物污染环境防治年报[R/OL].(2016-11-12)[2018-05-01].http://www.zhb.gov.cn/gkml/hbb/qt/201611/t20161122_368001.htm.

[6]　全国人民代表大会.中华人民共和国固体废物污染环境防治法[A/OL].[2018-05-01].http://www.npc.gov.cn/wxzl/gongbao/2017-02/21/content_2007624.htm.

[7]　中华人民共和国商务部.再生资源回收管理办法[A/OL].(2007-03-27)[2018-05-01].http://www.mofcom.gov.cn/aarticle/swfg/swfgbh/201101/20110107352011.html.

[8]　浙江省人民政府.浙江省人民政府办公厅关于进一步加强

危险废物和污泥处置监管工作的意见：浙政办发[2013]152号[EB/OL].（2014-01-02）[2018-05-01]. http://www.zj.gov.cn/art/2014/1/9/art_32432_134186.html .

[9]　国家环境保护局.关于发布《大中城市固体废物污染环境防治信息发布导则》的公告：公告 2006 年第 33 号[EB/OL].（2006-07-10）[2018-05-01]. http://www.mep.gov.cn/gkml/zj/gg/200910/t20091021_171640.htm.

[10]　中华人民共和国环境保护部.2017 年全国大、中城市固体废物污染环境防治年报[EB/OL].（2017-12-06）[2018-05-01]. http://trhj.mep.gov.cn/gtfwhjgl/zhgl/201712/P020171214496030805251.pdf.

[11]　张永.危险废物监管需制度创新[N].中国环境报，2017-03-07(003).

[12]　全国人民代表大会.中华人民共和国环境保护税法[A/OL].[2018-05-01]. http://www.npc.gov.cn/wxzl/gongbao/2017-03/28/content_2019453.htm.

[13]　中华人民共和国中央人民政府.中华人民共和国环境保护税法实施条例：国令第 693 号[EB/OL].（2017-12-30）[2018-05-01]. http://www.gov.cn/zhengce/content/2017-12/30/content_5251797.htm.

[14]　中华人民共和国环境保护部等.固体废物进口管理办法：部令第 12 号[EB/OL].（2011-04-08）[2018-05-01]. http://www.mep.gov.cn/gkml/hbb/bl/201105/t20110520_210978.htm.

[15]　国务院办公厅.禁止洋垃圾入境推进固体废物进口管理制度改革实施方案：国发办[2017]年 70 号[EB/OL].（2017-07-18）[2018-05-01]. http://www.gov.cn/zhengce/content/2017-07/27/content_5213738.htm.

[16]　中华人民共和国环境保护部.关于发布《进口可用作原料的固体废物环境保护控制标准—冶炼渣》等 11 项国家环境保护标

准的公告[EB/OL]. (2018-01-04)[2018-05-01]. http://www.
mep. gov. cn/gkml/hbb/bgg/201801/t20180111_429585. htm.

[17]　中华人民共和国环境保护部. 关于发布《进口废物管理目
录》(2017 年)的公告:公告 2017 年第 39 号[EB/OL].
(2017-08-16)[2018-05-01]. http://www. mep. gov. cn/
gkml/hbb/bgg/201708/t20170817_419811. htm.

[18]　中华人民共和国环境保护部. 关于发布《限制进口类可用作原
料的固体废物环境保护管理规定》的公告:国环规土壤[2017]6
号[A/OL]. (2017-12-14)[2018-05-01]. http://www. mep. gov.
cn/gkml/hbb/gfxwj/201712/t20171218_428135. htm.

[19]　国家环境保护局. 危险废物出口核准管理办法:总局令第
47 号[EB/OL]. (2008-02-02)[2018-05-01]. http://www.
mep. gov. cn/gkml/zj/jl/200910/t20091022_171858. htm.

[20]　蒋勇翔. 谈环评实际工作中固体废物环境影响评价的编制
[J]. 能源研究与管理,2015(01):23-25.

[21]　中华人民共和国环境保护部. 建设项目危险废物环境影
响评价指南[A/OL]. (2017-09-01)[2018-05-01]. ht-
tp://www. mep. gov. cn/gkml/hbb/bgg/201709/
W020170913498264006293. doc.

[22]　浙江省环境保护厅. 关于进一步加强建设项目固体废物环
境管理的通知:浙环发[2009]76 号[EB/OL]. (2009-10-
29)[2018-05-01]. http://www. zjepb. gov. cn/art/2009/
10/29/art_1201919_13470439. html.

[23]　江苏省环境保护厅. 关于加强建设项目环评文件固体废
物内容编制的通知[A/OL]. (2013-09-24)[2018-05-
01]. http://hbt. jiangsu. gov. cn/jshbw/gtfw/wjgd/
201309/P020130924578571403624. doc.

[24]　孔维泽. 监管危险废物要用好第三方核查[N]. 中国环境
报,2017-03-31(003).

[25] 浙江省环境保护厅.关于开展危险废物产生单位核查工作的通知:浙环办函(2014)72 号[EB/OL].(2014-04-15)[2018-05-01]. http://www. zjepb. gov. cn/art/2014/4/15/art_1201816_15010352. html.

[26] 中华人民共和国环境保护部科技标准司.固体废物鉴别标准通则:GB 34330-2017[S/OL].(2017-08-31)[2018-05-01] http://kjs. mep. gov. cn/hjbhbz/bzwb/gthw/wxfwjbffbz/201709/W020170906521003416419. pdf.

[27] 中华人民共和国环境保护部.关于推荐固体废物属性鉴别机构的通知:环土壤函[2017]287 号[EB/OL].(2017-12-29)[2018-05-01]. http://www. zhb. gov. cn/gkml/hbb/bh/201801/t20180111_429497. htm.

[28] 中华人民共和国环境保护部.关于发布《危险废物产生单位管理计划制定指南》的公告:公告 2016 年第 7 号[EB/OL].(2016-01-26)[2018-05-01]. http://www. mep. gov. cn/gkml/hbb/bgg/201601/t20160128_327043. htm.

[29] 中华人民共和国环境保护部.关于开展危险废物产生单位建立台账试点工作的通知:环办函[2008]175 号[EB/OL].(2008-05-08)[2018-05-01]. http://www. mep. gov. cn/gkml/hbb/bgth/200910/t20091022_174844. htm.

[30] 中华人民共和国环境保护部.关于开展第二期危险废物产生单位建立台账试点工作的通知:环办函[2009]767 号[EB/OL].(2009-07-31)[2018-05-01]. http://www. mep. gov. cn/gkml/hbb/bgth/200910/t20091022_175028. htm.

[31] 中华人民共和国环境保护部科技标准司.HJ 2025—2012 危险废物收集贮存运输技术规范[S].北京:中国环境科学出版社,2013.

[32] 中华人民共和国质量监督检验检疫总局.GB 190—2009

危险货物包装标志:[S].北京:中国标准出版社,2010.

[33]　中华人民共和国质量监督检验检疫总局.GB 12463—2009 危险货物运输包装通用技术条件[S].北京:中国标准出版社,2009.

[34]　中华人民共和国质量监督检验检疫总局.GB 18191—2008 包装容器　危险品包装用塑料桶[S].北京:中国标准出版社,2009.

[35]　中华人民共和国住房和城乡建设部.GB 18597—2001 危险废物贮存污染控制标准[S].北京:中国标准出版社,2001.

[36]　中华人民共和国环境保护部科技标准司.HJ 2025—2012 危险废物收集贮存运输技术规范[S].北京:中国环境科学出版社,2013.

[37]　国家技术监督局.GB 15603—1995 常用化学危险品贮存通则[S].北京:中国标准出版社,1996.

[38]　国家环境保护局科技标准司.GB 15562.2—1995 环境保护图形标志-固体废物贮存(处置)场[S].北京:中国标准出版社,1996.

[39]　国家环境保护局科技标准司.GB 18484—2001 危险废物焚烧污染控制标准[S].北京:中国标准出版社,2001.

[40]　国家环境保护局科技标准司.HJ/T 176—2005 危险废物集中焚烧处置工程建设技术规范[S].北京:中国环境科学出版社,2005.

[41]　中华人民共和国环境保护部.危险废物安全填埋处置工程建设技术要求:环发[2004]75 号[EB/OL].(2004-04-30)[2018-05-01].http://kjs.mep.gov.cn/hjbhbz/bzwb/other/hjbhgc/200405/t20040511_89858.htm.

[42]　中华人民共和国环境保护部.关于征求《危险废物填埋污染控制标准》(征求意见稿)等两项国家环境保护标准意见的函:环

办函[2015]491 号[EB/OL]. (2015-04-03)[2018-05-01]. ht-tp://www. mep. gov. cn/gkml/hbb/bgth/201504/t20150414_299049. htm.

[43]　中华人民共和国质量监督检验检疫总局. GB 13392—2005 道路运输危险货物车辆标志[S]. 北京:中国标准出版社,2005.

[44]　中华人民共和国交通运输部. 道路危险货物运输管理规定:部令[2013 年]第 2 号[EB/OL]. (2013-05-06)[2018-05-01]. ht-tp://www. mot. gov. cn/st2010/heilongjiang/hlj_jiaotongxw/jtxw_wenzibd/201305/t20130507_1408515. html.

[45]　中华人民共和国交通运输部. 水路危险货物运输规则:部令[1996 年]第 10 号[EB/OL]. [2018-05-01]. https://wenku. baidu. com/view/935eae68011ca300a6c39068. ht-ml.

[46]　中华人民共和国铁道部. 铁路危险货物运输管理规则:铁运[2008]174 号[EB/OL]. 北京:中国铁道出版社,2008[2018-05-01]. https://wenku. baidu. com/view/740d4d6a561252d380eb6ee0. html.

[47]　中华人民共和国中央人民政府. 铁路危险货物运输安全监督管理规定:交通运输部令 2015 年第 1 号[EB/OL]. (2015-03-12)[2018-05-01]. http://www. mep. gov. cn/gkml/hbb/bgth/201504/t20150414_299049. htm.

[48]　陈阳,郭瑞,等. 我国危险废物转移管理制度研究与讨论[J]. 环境保护科学,2017,43(05):111-114,119.

[49]　中华人民共和国中央人民政府. 危险废物经营许可证管理办法:国令第 408 号[EB/OL]. (2004-05-30)[2018-05-01]. http://www. gov. cn/zhengce/content/2008-03/28/content_4293. htm.

[50]　国家环境保护局. 关于危保护险废物经营许可证申请和审

批有关事项的通告:环函[2005]26 号[EB/OL]. (2005-01-08)[2018-05-01]. http://www. mep. gov. cn/gkml/zj/jh/200910/t20091022_173517. htm.

[51]　中华人民共和国环境保护部办公厅. 关于做好下放危险废物经营许可审批工作的通知:环办函[2014]551 号[EB/OL]. (2014-05-12)[2018-05-01]. http://www. mep. gov. cn/gkml/hbb/bgth/201405/t20140515_275049. htm.

[52]　中华人民共和国环境保护部. 关于修改《关于做好下放危险废物经营许可证审批工作的通知》部分条款的通知:环办土壤函[2016]1804 号[EB/OL]. (2016-10-11)[2018-05-01]. http://www. mep. gov. cn/gkml/hbb/bgth/201610/t20161031_366544. htm.

[53]　中华人民共和国环境保护部. 关于进一步做好固体废物领域审批审核管理工作的通知:环发[2015]47 号[EB/OL]. (2015-03-31)[2018-05-01]. http://www. mep. gov. cn/gkml/hbb/bwj/201504/t20150407_298670. htm.

[54]　中华人民共和国环境保护部. 关于发布《危险废物经营单位审查和许可指南》的公告:公告 2009 年第 65 号[EB/OL]. (2009-10-25)[2018-05-01]. http://www. mep. gov. cn/gkml/hbb/bgg/200912/t20091223_183375. htm.

[55]　中华人民共和国环境保护部. 关于修改《危险废物经营单位审查和许可指南》部分条款的公告:公告 2016 年第 65 号[EB/OL]. (2016-12-10)[2018-05-01]. http://www. mep. gov. cn/gkml/hbb/bgg/201610/t20161028_366366. htm .

[56]　中华人民共和国环境保护部. 关于发布《危险废物经营单位记录和报告经营情况指南》的公告:公告 2009 年第 55 号[EB/OL]. (2009-10-29)[2018-05-01]. http://www. mep. gov. cn/gkml/hbb/bgg/200911/t20091109_181377. htm.

[57] 中华人民共和国环境保护部. 关于发布《危险废物经营单位编制应急预案指南》的公告：公告 2007 年第 48 号［EB/OL］.（2007-07-04）［2018-05-01］. http://www. mep. gov. cn/gkml/zj/gg/200910/t20091021_171734. htm.

[58] 中华人民共和国环境保护部. 关于发布《废氯化汞触媒危险废物经营许可证审查指南》的公告：公告 2014 年第 11 号［EB/OL］.（2014-02-13）［2018-05-01］. http://www. mep. gov. cn/gkml/hbb/bgg/201402/t20140217_267807. htm.

[59] 中华人民共和国环境保护部. 关于发布《废烟气脱硝催化剂危险废物经营许可证审查指南》的公告：2014 年第 54 号［EB/OL］.（2014-08-19）［2018-05-01］. http://www. mep. gov. cn/gkml/hbb/bgg/201408/t20140825_288180. htm.

[60] 中华人民共和国工业和信息部.《废矿物油综合利用行业规范条件》及《废矿物油综合利用行业规范条件公告管理暂行办法》发布：公告 2015 年第 79 号.［EB/OL］.（2015-12-11）［2018-05-01］. http://www. miit. gov. cn/newweb/n1146285/n1146352/n3054355/n3057542/n3057545/c4550148/content. html.

[61] 中华人民共和国环境保护部办公厅. 关于废矿物油综合利用行业危险废物经营许可证核发有关问题的复函：环办土壤函［2017］559 号［EB/OL］.（2017-04-14）［2018-05-01］. http://www. mep. gov. cn/gkml/hbb/bgth/201704/t20170419_411734. htm.

[62] 中华人民共和国国家统计局. 国民经济行业分类：GB/T4754-2017［S/OL］.（2017-09-20）［2018-05-01］. http://www. stats. gov. cn/tjsj/tjbz/hyflbz/201710/t20171012_1541679. html.

[63] 浙江省环境保护厅. 纺织染整工业大气污染物排放标准：DB33/962-201［S/OL］.（2015-4-14）［2018-05-01］. http://

zjjcmspublic. oss-cn-hangzhou. aliyuncs. com/jcms_files/
jcms1/web1756/sie/attach/-1/1711021645103002019.
docx.

[64] 中华人民共和国质量监督检验检疫总局. GB 24747—2009
有机热载体安全技术条件[S]. 北京:中国标准出版
社,2009.

[65] 高华生.定型机废气的治理现状与技术方向[A].中国纺织
工程学会."科德杯"第六届全国染整节能减排新技术研讨
会论文集[C].中国纺织工程学会,2011:5.

[66] 环保压力增大,生产成本上涨 印染行业应该如何应对?
[N].中国环境报,2016-12-01(10).

[67] 超标!超标!大范围超标!纺织染整新标准已实施一年
多,但多地尚未执行新标,普遍超标[N].中国环境报,
2014-01-16(010).

[68] 副产品能让危险废物改变身份?[N].中国环境报,2016-
05-11(3).

[69] 孙春华,傅银银.江苏省电镀行业水污染物排放标准执行
情况及提标可行性研究[J].污染防治技术,2015,28(05):
14-15.

[70] 阳健,刘铁梅.电镀废水提标改造技术实例[J].广东化工,
2013,40(11):161-162,168.

[71] 曹从荣.印刷行业危险废物产生节点及特性分析[J].中国
环保产业,2009(07):37-40.

[72] 郭春霞,刘德杰,杨方圆.河南省制革及毛皮加工行业危险
废物产排特征研究[J].有色冶金节能,2016,32(06):62-
67,71.

[73] 杨军民,李书波.海宁皮革协会召开《蓝湿革副产品》联盟
标准复审会[J].北京皮革:中,2013(12):102-102.